U0046773

預約**實用知識**，延伸**出版價值**

預約實用知識，延伸出版價值

好文案，
都有強烈的
畫面感

9 大爆款文案創作技巧，重塑你的寫作思維

 著

本書內文幣別若未特別標注，均為人民幣。

目錄

讓好想法與好技術
成為好文案

廣告大師李奧貝納（Leo Burnett）曾經說過：「一個具有銷售力的創意，基本上從未改變過，必須有吸引力與相關性。但是，在廣告噪音喧囂的今天，如果你不能引人注目並獲得信任，依然一事無成。」文案作為廣告中的一部分，如果只做到正確傳達意義，距離巨匠口中具有銷售力的創意，還有一段很長遠的路要走。

有效的文案第一要素，要有吸引力。也就是說，你要就是看起來與眾不同而誘人，才能吸引到因為資訊爆炸而厭倦無比的消費者——這是文案的技術層面。《好文案，都有強烈的畫面感》作者使用書中大約一半的篇幅講述寫作技巧，除了引用經典廣告內容、個人案例外，還舉出許多文學作品中的例子，讓讀者精確地朝增強寫作能力的方向邁進。這也是我更喜歡中文寫作書多於外文的原因，翻譯寫作書即便講

究心法，也難以完全重現中文的語境和文化；不過對於必須精準做到在地化的行銷來說，要稍稍注意的是，本書的作者來自中國，在某些用於社群擴散的案例寫法上，和臺灣寫作仍有些許用語上的差異。

有效文案的第二個要素是相關性。我特別喜歡書中這個段落：「無法寫出細節豐富、有顆粒度的文案的原因一般有兩種：一是表達能力太弱，無法將所見、所思清晰地用文字還原；二是觀察能力太弱，世界在他眼中原本就是混沌的。第二個原因往往是根源所在。」廣告策略的根源來自觀察，觀察消費者是哪些人、怎麼做決定、他們喜歡產品的什麼地方、他們決定選擇產品的關鍵原因是什麼……。有時候，光有答案就可以成就一篇好文案，觀察力對於廣告文案來說就是如此重要。

所以什麼是好文案呢？每篇好文案因為溝通管道的不同，不會呈現相同的樣貌，但每個好文案卻必須有類似的能力，才能用文字讓產品成為站在消費市場頂端的征服者；廣告是頂皇冠，你要為國王戴上，讓他接受萬人崇拜。詞彙、畫面、故事、感染、溝通、金句、傳播、銷售、邏輯，希望你能從這九力中，找到自己未完的文案拼圖。

黃思齊
「我是文案」創辦人

你需要的不只是文字，而是能和讀者腦袋連結的畫面

記得有次，我上 TEDx 分享我自己做簡報的一些祕訣，裡面講的概念大概就是不同的方式表達，讓聽眾很快能明白，並且能引起共鳴。

我覺得我已經講得很不錯，把基礎的概念都跟大家分享了。但當看到這本書時，我不僅自嘆弗如，還如獲至寶。

如果你平常很需要寫文字，也希望這些文字能夠與人產生連結，那麼這本書絕對是不二選擇。

我非常喜歡作者說的，寫文案最重要的是基本功。很多時候，我們可能都在意詞藻的華美，但卻忘了其實文字真正的功用並不是讓人觀賞，而是透過文字，我們能夠在腦袋形

成畫面。

　　我舉個例子書中的內容，假設有一則報導說：「每 100 克魷魚乾含膽固醇 871 毫克」，你是不是覺得看看就算了？因為這件事好像跟我們沒關係，就算給了你數值，我們卻對這些數字非常陌生。

　　而如果要讓文字產生畫面，你可以感受一下這句：「吃一口魷魚等於吃 20 口肥肉」。是不是在這個瞬間，馬上就明白它的膽固醇含量有多高了？因為只要看到肥肉這兩個字，你腦海中就會浮現出那些油花花的脂肪。

　　如果你也覺得這個例子很實用，那麼在這本書中，有非常多這樣厲害的概念。作者用系統性的整理，加上好懂的範例，告訴你怎麼樣才能夠生成讀者腦中的畫面，留下深刻的印象。

　　但更厲害的是，作者不只是教你文字的使用，更重要的是跟你分享文字使用後的意涵。例如書中說了一個心理帳戶的概念，其實我們每個人的心中，有一個虛擬的帳戶，錢都是放在不同的地方的。

　　舉例來說，假設你在看這本書的時候，覺得它的售價有點貴。那麼我們在推薦這本書的時候，如果把尋常的制式文案改成「一頓火鍋的錢，就能獲得受用一生的寶貴知識」，

你會不會忽然覺得這本書其實也不是那麼貴了呢？

主要這個概念是，我們把本來想要吃火鍋的錢，試著挪到買書的預算之中，並且強調「書的內容價值受用一生」，來對比「火鍋只是吃一頓就沒了」。當你看著這段話時，其實也就默默地被影響了。

什麼，你說你還沒有被影響啊？這不是書的問題，而是我的問題。畢竟我只是看完書後現學現賣而已，相信你讀了《好文案，都有強烈的畫面感》之後，一定能寫出比我還厲害百倍的文案！

張忘形
溝通表達培訓師

致臺灣讀者序

　　新媒體時代，資訊流動的速度比過去任何一個時代都快，出現用戶眼前的資訊，比過去任何一個時代都多。作為商業文案寫作者，要成功抓住用戶的眼球，成為一件愈來愈艱難的事。於是，各種讓人眼花繚亂的創意、爆款文案速成的「套路」、劍走偏鋒的洞察，受到不少文案創作者的追捧。

　　如果有 1000 名文案工作者在談創意、談洞察、談「10萬 +」，那其中只有一名文案工作者的基本功過了關。所謂基本功，是指文案創作者的文字功底，它關乎一個人對文字的認知、領悟和使用文字的技巧與功力。對寫作者而言，文案的撰寫技巧從來不是細枝末節，不是雕蟲小技。策略的思考和觀點的琢磨固然重要，但文字才是讓這些策略和觀點得以廣泛傳播並深入人心的武器。沒有精湛的文字技藝，再正確的策略和再精妙的思想都只能像揮舞在空氣中的拳頭，無力又漫無邊際。

基本功不過關的文案工作者，就像一個拎著空空如也的工具箱的木匠，很難做出一手漂亮的木工活。中國南朝文學理論家劉勰曾經寫過一本文案創作寶典《文心雕龍》， 他在書名中就探討了文字創作的道與術問題。書名中的「文心」是指「為文之用心」，劉勰認為，創作者需要「心哉美矣」，也就是需要具備較高的道德修養和境界，這是對形而上的「道」要求。而『 雕龍』則是針對創作者的創作技巧，是指對待文字要如同雕刻龍身上的紋路一般精細，文章貴雕飾，這屬於形而下的「技」與「 器 」的問題，是基本功的問題。對創作者而言，「文心」與 「雕龍」是密不可分、缺一不可的。

　　歷來成功的寫作者，都非常重視基本功的鍛煉。「為人性僻耽佳句，語不驚人死不休」、「吟安一個字，拈斷數莖須」、「兩句三年得， 一吟雙淚流」，描繪出古代文人對待文字的野心與狂熱，以及寫出一個好句子或是推敲出一個好字時，那如獲至寶的激動和淚流滿面的神情。

　　一流的寫作者對待文字的態度從來都偏執，強硬， 像數學一樣精密，他們總是逼迫著自己在不斷的自我推翻中練就上乘的手藝與直覺。清醒的寫作者們都明白，靈感的閃現聽上去浪漫，但將它恰其分地表達出來則需要浩大的工程。對商業文案而言，紮實的文字功力和靈感、洞察同樣重要。

《好文案，都有強烈的畫面感》一書，將通過前九個章節，講解優秀文案必備的九種基本功：詞彙力、畫面力、故事力、感染力、溝通力、金句力、傳播力、銷售力和邏輯力。將基本功放入文案寫作的實戰中，更能見其重要性。作為《好文案，都有強烈的畫面感》的作者，非常榮幸這本書能與臺灣的讀者見面，希望在文案寫作進階的道路上，能有更多人一起切磋琢磨，打磨出結結實實的基本功。

蘇芯
《好文案，都有強烈的畫面感》作者

文案工作者和木匠

關於寫作這回事，暢銷書作家史蒂芬・金（Stephen King）曾經做過一個有趣的比喻：文字工作者應該像木匠那樣，創造屬於自己的「工具箱」，當遇到艱難任務時，才能一把抓到適用的工具，立刻投入工作。

木匠的工具箱裡，裝滿螺絲釘、鋸子、鉗子、扳手，而文字工作者的工具箱裡，則陳列著詞彙、語法、修辭、邏輯……有了它們，文字工作者在接到任務時才不會束手無策，而是能利用它們打磨出優秀的作品。

和木工活一樣，文案創作也是一門技術活，但它又不止於技術。匠人和商人的區別是，匠人身負精湛手藝，能生產出有價值的作品，而商人卻擁有創意與洞察力，能讓有價值的作品同時具有商業價值。

一名優秀的文案工作者，往往兼具作家、推銷員和心理學家的特質。他要像作家那樣擁有遣詞造句的功底，對文字高度敏感甚至有痼癖；也要像推銷員那樣，巧舌如簧，懂得

包裝產品；他還應當熟悉心理學常識，讓創意和想法不只是空中樓閣，而是讓洞察潛入人心，成為引發大眾情緒共鳴的一劑猛藥。

想要成為一名文案工作者，門檻很低；理論上，任何一個會寫中文的人都可以勝任。但想成為一名優秀的文案工作者，門檻卻非常高，因為你不僅需要身懷作家、推銷員、心理學家的技能，還要知道得愈多愈好，你最好講得出「魏晉山水詩派對盛唐詩歌的影響」，也知道「希臘十字式建築的受力特點」，能解釋「乳糖不耐症的成因」，還要懂得「機會成本」與「沉沒成本」的區別⋯⋯

只有對世界保持開放的心態和強烈的好奇心，文案工作者才能更好地扮演好溝通使者的角色。而文案工作者的基本功，就是支撐起這一切美好願望的石柱。

在新媒體時代，對文字作品的優劣做評判有了更加清晰和務實的標準，文章的閱讀量能否突破「10 萬＋」*，文案的點擊轉化率、購買轉化率有多少，都成為文案工作者需要攻克的一座座現實高地。

＊ 10 萬＋，如果一篇文章的閱讀量達到 10 萬或超過 10 萬，就是人氣很高的「爆款」了。

但現實卻是，有 1000 名文案工作者在談創意、談洞察、談 10 萬＋，其中只有一名文案工作者的基本功過了關。基本功不過關的文案工作者，就像拎著空空如也的工具箱的木匠，沒有人敢相信他能做出漂亮的木工活。

這本書的主要目標，就是教你如何正確地填滿你的工具箱，將你對「神文案」、10 萬＋的虛幻熱情拉到地表，轉化為對基本功的扎實打磨，幫助你真正去瞭解文字、馴服文字，弄清它的邏輯、規則和「情緒」，創作出令自己和他人都滿意的文案作品。

在你創作出好文案之前，你首先要知道，什麼才是好文案。本書將透過前九個章節，講解優秀文案必備的九種基本功：詞彙力、畫面力、故事力、感染力、溝通力、金句力、傳播力、銷售力和邏輯力，並透過最後一個章節，教你應對改稿這件小事。

這本書也許不能讓你讀完後就立刻寫出可愛又性感的文字，但希望它能成為一本實用指南，成為你寫作時放在手邊的一本詞典或一把尺子，幫助你校準文字，打磨出扎實的基本功。

Chapter 1

詞彙力

從魚缸到海洋

萬丈高樓平地起，文案工作者如何構建豐富的「語言池」？
為什麼說動詞是文案的脊梁，形容詞、副詞是毒藥？
擬聲詞和方言有哪些使用技巧？雙關和諧音真的好用嗎？

想試探一名文案工作者的功底，有一個簡單的方法：如果他的文案中剔除掉網路熱詞和段子之後就不剩下什麼了，如果他離開流行語和諧音就無從下筆，那這個人和優秀文案工作者中間一定還隔著 1000 個普通文案工作者。

頻繁地在文案中使用網路熱詞或段子，本質上是一種偷懶和不自信的表現，而且會讓文字流露出一種速食感和廉價感。然而除了這些，我們還能寫什麼呢？

很多時候，我們面對空白的 Word 檔敲不出一個字，不是因為沒有洞察、沒有創意，而是因為找不到合適的表達方式；正是由於我們的詞彙量捉襟見肘，才讓寫作思路頻頻斷線。

> 很多時候，面對空白的 Word 檔敲不出一個字，不是因為沒有洞察、沒有創意，而是因為找不到合適的表達方式；正是由於詞彙量捉襟見肘，才讓寫作思路頻頻斷線。

如果我們的詞彙量像一個魚缸，那注定只能孕育出小魚和小蝦。只有當我們的詞彙量豐富得像一片海洋時，才能形成磅礡的生態，孕育出文字的巨鯨。

大部分人對詞彙量的觀念，還停留在對一種新的語言的學習上。當學習一種新的語言時，我們會刻意關注詞彙量的

積累和提升，可是對於以文字為職業的人而言，掌握高於常人的詞彙量是非常必要的。

真正的大師可以用兒童也能讀懂的白話寫出傳世之作，但這並不代表他們只有兒童級別的詞彙量。實際上，任何一位語言大師都有一座豐盛的「語言池」。

許多文案工作者的雙眼被 10 萬＋爆款蒙蔽，導致業界產生了一個現象：有眼界、懂原理的文案工作者已經很多，但基本功強的文案工作者卻太少。眼界與能力之間產生了嚴重的斷層，這就是大多數文案工作者面臨的殘酷現實。

基本功對文字工作者有多重要？中國作家阿城在談到豐子愷*畫作時的話，值得一讀：

豐子愷到後來常常是一幅畫上只畫一輪月亮，然後題字「人約黃昏後」，可見對他而言，筆墨已經不重要，畫也不重要了，重要的是他在畫裡給觀者開的這個玩笑。而後學者跟隨著走到這兒，往往也會步後塵地忽視了筆墨，結果卻是走到半空中，摔得很疼。任何一個人都得自己努力去扎根才行。

~~~~~~~~~~

＊豐子愷被稱為「圓通大師」，師從弘一法師，以中西融合畫法創作漫畫及散文而著名，是中國漫畫藝術的先驅。

詞彙量就是讓一名文案工作者基礎得以夯實的前提之一。它的意義並不在於你會使用多少華麗甚至生僻的詞語，而是當你想要描述一個產品、一個概念，或是一種情緒時，能從詞彙庫中找到那個最準確又不流俗的詞語。積累足夠可觀的詞彙量是讓這一切得以實現的前提。

> 詞彙量的意義不在於你會使用多少華麗甚至生僻的詞語，而是當你想要描述一個產品、一個概念，或是一種情緒時，能從詞彙庫中找到那個最準確又不流俗的詞語。

那麼，我們該如何通過有意識地訓練，讓自己不再對著空白的 Word 檔發愁，而是從容運用已有的詞彙「排兵布陣」呢？

1. 動詞是文案的脊梁

動詞是一個句子的脊梁。一個沒有動詞的句子，就像一個沒有穿高跟鞋的女人，了無生趣。文案由句子構成，準確使用動詞，能讓文案變得生動、鮮活、有力量感，在某種程度上也能折射出文案工作者的觀察力。作為一名文案工作者，

有義務弄清楚不同動詞之間的差異，和它所傳遞出的或明顯或曖昧的含義。

先來看看那些優秀的動詞使用案例。微信公眾號「一條」在給某款主打面部清潔的洗臉機廣告中，寫了這樣一句標題：

一分鐘，把毛孔裡的髒東西震出來。

一個「震」字，讓人彷彿聽到洗臉機啟動時的嗡嗡聲，看到毛孔裡的油脂、殘妝被抖落的畫面。透過一個動詞道出產品的功能及效果，比起同類產品「智慧煥膚」、「潔面小旋風」等文案，更能喚起用戶立刻購買的衝動。

試想一下，如果你是一家餐廳或是一個美食社群網站的文案寫作人員，當你需要向食客介紹麻婆豆腐這道菜時，你會怎麼寫？要寫出這道菜的麻辣鮮香，不妨告訴食客它那同樣精采的烹調過程，讓食客的食欲隨著這個過程慢慢膨脹：

熗油，炸鹽，少許豬肉末加冬菜，再煎一下郫縣豆瓣，油紅了之後，放豆腐下去，勾兌*高湯，蓋鍋。待豆腐騰得漲

*勾兌，按比例調配之意。

起來，起鍋，撒生花椒面*、青蒜末、蔥末、薑末，就上桌了。
吃時拌一下，一頭汗馬上吃出來。

　　這是阿城在《思鄉與蛋白酶》一文中對麻婆豆腐的描寫。
「熗」、「炸」、「煎」、「勾兌」、「撒」、「拌」等一
系列動詞還原了整個烹飪過程，顯得麻利又有力道，讓人幾
乎能聽到肉末下鍋煎炸時發出的滋滋聲，看見陣陣白煙從鍋
裡騰起。

　　如果你是一名美食文案寫作人員，你的語言池裡卻沒有
積累相關詞彙，很難說你已經用心去觀察、瞭解過美食，你
也很難活色生香地把它們推薦給消費者。

北京以豌豆製成的食品，最有名的是「豌豆黃」。這東西
其實製法很簡單，豌豆熬爛，去皮，澄出細沙，加少量白糖，
攤開壓扁，切成5寸×3寸的長方塊，再加刀割出四方小塊，
分而不離，以牙籤扎取而食。
嫩豇豆*切寸段，入開水鍋焯熟，以輕鹽稍醃，潷去鹽水，

~~~~~~~~~

*此處的花椒面是指花椒粉。「面」在四川方言中，有「磨得像麵粉般細小」的意思。
*豇豆，即長豆、菜豆仔。

以好醬油、鎮江醋、薑、蒜同拌，滴香油數滴，可以「滲」酒。炒食亦佳。

以上兩段文字是汪曾祺＊對飲食的描寫，同樣精采地運用了動詞，「熬」、「澄」、「攤」、「切」、「割」、「焯」、「腌」、「潷」、「滴」，有緩有急，有重有輕，這是有質感的文字，讀起來讓人心中生出認真生活、認真飲食的欲望。

2. 名詞的精髓在比喻

作為一名職業文案工作者，你是否思考過，為什麼女孩子們記不住「蘭蔻超未來肌因賦活露」、「雅詩蘭黛特潤超導全方位修護露」、「資生堂紅妍肌活露」，卻能把「小黑瓶」、「小棕瓶」、「小紅瓶」掛在嘴邊？為什麼我們愈來愈多地聽到糖果唇、朝露妝、大地色、氣墊腮紅、絲絨唇膏、霧面口紅這樣的彩妝詞彙？

稍加分析我們就能明白，這些詞語中的大多數，都是

＊汪曾祺是中國當代作家、散文家、戲劇家，以短篇小說和散文聞名。

形象、簡短的名詞，這樣的詞彙更容易被受眾記住並流行起來，並且這些名詞大部分都使用了比喻的修辭手法，它們用受眾熟知的事物，去比喻另一種陌生或不易描繪的事物，在受眾的頭腦中建立起關聯。

使用名詞的精髓，在於善用比喻。對文案而言，比喻的本質作用在於降低和受眾溝通的成本，提升溝通的效率。一堆陌生的專業詞彙或形容詞很容易讓受眾一頭霧水，但一個輕盈精準的比喻卻能讓他們恍然大悟。

> 一堆陌生的專業詞彙或形容詞很容易讓受眾一頭霧水，但一個輕盈精準的比喻卻能讓他們恍然大悟。

如果你是無印良品的文案工作者，你會如何推銷一款浴鹽？想要浴鹽賣得好，先得讓人想泡澡。在無印良品所著的《家的要素》一書中，是這樣描寫泡澡這件事的：

對日本人而言，「天堂」就在家裡。
一處讓人不自覺地脫口說出「好舒服！太讚了！」的地方，那就是浴室。
在澡盆裡注滿一整缸清澈的水，

全身浸泡的舒服感，
對日本人而言，堪稱最奢侈的享受。
一缸滿滿的清澈的水，彷彿能洗淨現世憂愁，
給予滿滿的潤澤。
光著身子，舒服地泡個澡。
這裡與累積了各種日常生活瑣事的家中其他地方
有些不太一樣，
蘊藏著不同於平常的感受。
正因如此，才要在這處「天堂」，
裝設獨一無二的衛浴設備，
因此若只當這裡是一處維持身體清潔的地方，
不是太可惜了嗎？
我們都曾經泡在母親子宮內的羊水中，
然後離開溫暖之地，來到世上。
浴室可以說就是這麼一處地方吧。
在暖呼呼的水中重生，轉換心情，迎接新的一天。
身為家的「要素」之一，這處宛如子宮的溫暖之地，
讓家人每天都能重生。

　　浴室是讓家人每天重生的一處宛如子宮般溫暖的地方。
沒有「讓疲憊的身心得以放鬆」這樣老套的描述，而是把浴

室比喻為母親的子宮，讓人忘掉生活中的瑣事，獲得重生。這樣的文案足以勾起人們泡澡的欲望，也順理成章地為推銷浴鹽埋下伏筆。

作品在全球賣出 3 億 5000 萬冊的恐怖小說家史蒂芬‧金曾寫道：「比喻用到點子上帶給我們的喜悅，好比在一群陌生人中遇到一位老朋友一般。將兩件看似不相關的事物放在一起比較，有時可以令我們換一種全新且生動的眼光來看待尋常舊事。」

他的作品中常常可以見到有趣的比喻：

桑迪有著綠色的眼珠，但此時在皎潔的月光下，看起來卻像甲蟲的殼一般烏溜溜的。
——《禁入墳場》（*Pet Sematary*）

見過有人把眼睛比喻為葡萄、水晶的，比喻成甲蟲的殼的卻是第一次見，畢竟這更符合小說幽暗的氛圍。

經期腹痛引發了一陣陣痙攣，使她走起來一會兒快一會兒慢，活像一輛化油器有毛病的汽車。
——《魔女嘉莉》（*Carrie*）

狗的嘴和鼻子朝後皺起，就像是一塊弄皺了的小地毯。
——《傑羅德遊戲》（*Gerald's Game*）

我們挨挨擠擠地回到蔬果區走道，一如掙扎著要游向上游的鮭魚。——《迷霧驚魂》（*The Mist*）

　　善用比喻能讓文案變得有趣且更易理解，但比喻也有禁忌。首先，比喻最忌落入俗套。第一個把姑娘比作玫瑰花的人是天才，第 100 個這樣寫的就是庸才；因此，諸如「他像瘋子一樣狂奔」、「她的眼睛像泉水一樣清澈」這樣過時的比喻，最好不要出現在我們的作品中。其次，比喻切忌不精準，比如千萬不要寫出「他木然坐在屍體旁邊等待驗屍官到來，耐心得彷彿在等一個火雞三明治」，這樣的比喻只會讓讀者感到匪夷所思。最後，比喻切忌缺乏美感。比喻最好優雅一些，具有美感，才不會讓讀者反感。不然你可能會寫出這樣的句子來：

她的頭髮在雨中閃爍，就像打噴嚏之後的鼻毛。

他們的愛情如此炙熱灼人，就像尿道感染一樣強烈。

她如此依賴他，彷彿她是大腸桿菌菌群，而他是一塊溫室中的加拿大牛肉一般。

這幾句比喻並不俗套，細細想來好像也並非不精準，但問題就在於缺乏美感，作為段子博人一笑尚可，放到較為嚴肅的商業環境中則顯得不合時宜。

如果想提升對比喻修辭的運用水準，我們不妨多向以機智比喻見長的作家學習。

> 第一個把姑娘比作玫瑰花的人是天才，第 100 個這樣寫的就是庸才。

王小波＊的「孤獨滋滋作響，就像火炭上的一滴糖」，阿城的「馬幫如極稠的粥，慢慢流向那個山口」，費爾南多‧佩索亞（Fernando Pessoa）的「生活是一場偉大的失眠」，聶魯達（Pablo Neruda）的「你像一只甕，收容無限的溫柔，而無限的遺忘像搖晃一只甕般搖晃你」，都是令人印象深刻

＊王小波是中國當代作家，代表作有《黃金時代》、《愛你就像愛生命》等。

的比喻。在中國古代詩人中，蘇軾是非常善用比喻的一個，其《百步洪》中的「有如兔走鷹隼落，駿馬下注千丈坡。斷弦離柱箭脫手，飛電過隙珠翻荷」四句詩，包含了七個比喻，值得揣摩。

另外，我們完全不必擔心向文學家看齊會讓商業文案偏離本質，畢竟我們都不該太過高估自己的學習能力；學其上，得其中。永遠告訴自己還有很長的路要走，或許才是健康的心態。

學習比喻修辭沒有捷徑，只有多看多學多練習，並且最重要的是，你應該擁有一種痼癖，它驅使你想方設法讓文字變得更美、更有趣，而不是滿足於搬運與堆砌。最後再分享幾句不俗、精準、優美的比喻，與君共勉。

忠厚老實人的惡毒，像飯裡的沙礫或者出骨*魚片裡未淨的刺，給人一種不期待的傷痛。──錢鐘書

閱讀是一座隨身攜帶的避難所。
──毛姆（William Maugham）

*出骨，剔除骨頭之意。

假如你有幸年輕時在巴黎生活過，那麼你此後一生中不論去到哪裡，她都與你同在，因為巴黎是一場流動的饗宴。——海明威（Ernest Hemingway）

在充滿香氣的涼爽的臥室裡，女人們躲避陽光就像躲避瘟疫那樣。——馬奎斯（Gabriel Márquez）

南方的天空成了豹子牙床似的粉紅色。
——波赫士（Jorge Borges）

　　在日常的文案創作中，當我們覺得某些情緒或者產品資訊不那麼容易向受眾傳遞時，比喻這一修辭往往能給我們搭起一座通往受眾心智的橋梁。比如，當你要為一個公益廣告撰寫文案，呼籲大家花一點時間陪伴老人時，你該如何描寫孤獨這種情緒，以引起大家對老人的關注？

　　「孤獨跟關節炎一樣痛。」這是印度知名廣告人佛瑞迪・博迪（Freddy Birdy）交出的答卷。他將孤獨比喻為一種病痛——關節炎，我們需要注意，這則比喻並不是信手寫出的，它的精髓在於洞察到了孤獨和關節炎之間的共同點。眾比如，它們都在老年人這一群體中普遍存在；再比如，它們都是「慢性病」，不會要人命，但會帶來長久的、難以根除的折磨。

這就是精采的比喻，文藝但不矯揉；不是為了炫技，而是承載著精準的洞察。

> 精采的比喻，文藝但不矯揉；不是為了炫技，而是承載著精準的洞察。

亞里斯多德（Aristotle）曾說過，「比喻是天才的標誌」，足見其對善用比喻者的崇拜。一則精采的比喻可以降低受眾對新鮮事物、抽象情緒的理解成本，把接收資訊的過程變得更輕鬆有趣。

對於商業文案而言，使用比喻這一修辭技巧的關鍵就在於，必須找到本體和喻體之間的關聯，使之合理並令人回味無窮。

回想一下那些我們都聽過的故事：一個水果攤的招牌上寫著「甜過初戀」，一家網咖的廣告是「網速實在太快，請繫好安全帶」。其中都使用了比喻的手法，詼諧形象。文案大師李奧貝納（Leo Burnett）有句名言是這樣的：「伸手摘星，即使徒勞無功，也不會一手汙泥。」這句話也運用了浪漫而精巧的比喻，因此被歷代廣告人傳頌。

我曾經接到過一個文案寫作的任務，是給一款智慧型產

品寫一組海報文案，海報計劃在一個知名音樂節前三天發布，客戶的需求是「熱血、情懷、富有搖滾精神」，就像千千萬萬個客戶一樣，他們用一組形容詞提出了一個較為抽象的目標。

我在寫作時，就有意識地運用了比喻的修辭。我苦苦思索，搖滾精神像什麼呢？能把搖滾音樂節現場比作什麼呢？

最後我寫出了兩句這樣的文案：

搖滾是一場高級動物的戰爭，在低音炮火中，浴火重生。

搖滾不是痛苦的信仰，它是一種痛並快樂的癢。

這兩句文案都使用了知名搖滾歌曲的名字，分別是竇唯的《高級動物》和齊秦的《痛並快樂著》，另外，「痛苦的信仰」也是一支著名搖滾樂團的名字。

在第一句文案中，我把搖滾比喻成一場戰爭，這是因為在我看來，搖滾和戰爭具有相似之處，它們都有震耳欲聾的炮火聲（只不過搖滾用的是低音炮），場面都很激烈、熱血。這是比喻本體和喻體之間的共同點，只有洞察到了這種相似之處，才能使我們的比喻具有說服力。

第二句文案把搖滾比喻成一種「痛並快樂的癢」，它其實是想描述搖滾帶給愛好者們的一種感覺：搖滾樂這種音樂並不是那麼歡快、優雅、從容的，它是宣洩式的、激烈的，是情緒的爆發，所以說它是痛並快樂著的，這種比喻是合理的，並且搖滾樂的吸引力也和「癢」一樣，讓人欲罷不能。

3. 形容詞和副詞是毒藥

蒼耳，是一種渾身長滿小刺的植物果實，它的每個刺的頂端結構都是一個小鉤子，就是這種結構，使它可以輕易地鉤在動物的皮毛上或者人類的衣物上，被帶向遠方。在文案寫作中使用「蒼耳思維」是一種有效的策略，可以使得我們的作品給人留下深刻記憶。

下面，我們來做一個測試：

● 記住梵谷的《向日葵》。

● 記住你母親的拿手菜。

● 記住「高端」的含義。

● 記住「至尊」的含義。

上面需要你記憶的四種東西裡，「母親的拿手菜」是最易記的，因為當你記憶它的時候，腦海中會浮現出一個溫馨的畫面，你會聞見飯菜的香氣，甚至聽見母親催促大家開飯的聲音，還有電視節目製造的嘰嘰喳喳的背景音……這些共同形成了五感兼備的場景印象。

記憶梵谷的《向日葵》，你的大腦會聯想到明亮的黃色。

而「高端」、「至尊」這樣的詞彙，會讓你想到什麼呢？非常遺憾，幾乎沒有可以一下子能聯想起來的具體事物。

「人類的大腦裡好像擁有大量的線圈，一句文案擁有的鉤子愈多，它在記憶中就愈根深蒂固。」〔出自《黏力，把你有價值的想法，讓人一輩子都記住！》（*Made to Stick*）一書〕如果我們想讓文案給人留下深刻印象，就要使它身上長滿「鉤子」。

「母親做的拿手菜」在我們腦中有大量的鉤子，而「高端」這樣的抽象詞彙在我們腦海中只有極少的鉤子，甚至沒有。優秀的文案需要像蒼耳那樣，渾身帶鉤，緊緊附著在受眾的記憶中。

我們想要達到這樣的效果，第一步就是盡可能少地使用副詞、形容詞，比如高端和至尊，多用具體的名詞和動詞。

形容詞和無用的副詞用起來可能不費力，也會使你的文案看上去華麗，但它們其實是文案的一劑毒藥。很多時候，形容詞和副詞只起到了分散注意力的作用，它們是輕浮的，不能在受眾腦中扎根。優秀的文案工作者只要寫下簡練的話語，受眾就能領悟其中的含義。

> 很多時候，形容詞和副詞只起到了分散注意力的作用，它們是輕浮的，不能在受眾腦中扎根。

　　對文案工作者而言，「通往地獄的路是由副詞鋪就的」；副詞是應膽怯的文案工作者的需要而創造出來的，會透露出文案工作者對無法清楚表達自己的意思、說不到點子上，或者講不清狀況的擔心。

　　我們來看一下這樣一段描寫：

更衣室裡充滿了叫聲、回聲和水濺在磁磚上的那種空洞聲響。女孩們在熱水下伸展和扭動著身軀，水發出類似哭泣的聲音，輕拍著她們，細長的肥皂在她們的手中傳來傳去。嘉莉站在其中，像天鵝群中的一隻蛤蟆。她身材矮胖，脖子、後背和臀部長滿了小疙瘩，濕頭髮上沒有一點光澤。

好文案，都有強烈的畫面感

她只是站在那裡，微微垂著頭，讓水濺到身上，然後順勢流下。她看上去活像一隻替罪羊、一個永遠的倒楣蛋、一個笨手笨腳總是出錯的人，而她確實就是這樣一個人。

這是史蒂芬‧金的作品《魔女嘉莉》中，對一位擁有特異功能、遭受同學排擠的女孩的描寫。整段話透過近乎白描的寫法，勾勒出一個內向、自卑、孤單的女孩，「脖子、後背和臀部長滿了小疙瘩」、「垂著頭」、「笨手笨腳總是出錯的人」——用不著形容詞和副詞，一個被孤立的女孩形象就躍然紙上。

4. 巧用擬聲詞和方言

擬聲詞和方言的作用就像烹飪時的胡椒粉，能讓我們的文案變得辛辣、跳脫起來。

2016 年，日本品牌優衣庫（UNIQLO）推出了一支短片，用粵語、四川話、上海話、東北話、閩南語、山東話這六種方言各唱出一段 rap，展示不同地域的年輕人對優衣庫羽絨衣的讚嘆。

比如東北話版對羽絨衣的形容是「飄輕的，賊拉暖和」，粵語版是「要靚，唔使唔要命」，四川版是「穿上它出切一

定嘿熱火」（讀音），閩南話版是「輕巧吼讚，溫暖作夥行」（讀音），其實都是在重複「輕盈便攜，溫暖貼身」這一特性。

在互聯網（網際網路）語境下，隨著人們自嘲能力的提升，方言開始從一種帶著土腥味的語言慢慢變成某種「魔性」又帶有「喜感」的存在，既接地氣（在地化）又自帶「種子用戶」，極具話題性。

瑞典知名家居品牌宜家（IKEA）在中國哈爾濱開店時，就在店內推出了一組東北話版的產品介紹文案，並在社交網絡上引發討論：

介似嘛？
尼斯折疊椅，
僅需 8 厘米空間，就能多招待一個朋友！
這根桿子能嘎哈？
能掛衣服能晾曬。

「介似嘛」是東北話裡「這是什麼」的意思，而「能嘎哈」是「能做啥」的意思，這樣詼諧的方言文案，讓本地人看了很親切，外地人看了也覺得頗有趣味。

至於擬聲詞，伊利牛奶曾有一組文案主導的平面廣告使用了「咕咚」、「哼嚓」、「啾啾」等擬聲詞，來描述喝牛奶、

骨折（不喝牛奶）及牛奶的生產環境三個場景。

譬如在「嘎嘣嘎嘣、唏嚓唏嚓、哎喲哎喲」這一組文案中，內文即是「一天一包伊利純牛奶，你的骨骼一輩子也不會發出這種聲音」，道出了伊利牛奶對用戶的益處。擬聲詞自帶親和力，讓產品與用戶的日常更加貼近，構建起更自然的關聯。

5. 文字的韻律和節奏

不少人在提及文案時，會用到「語感」這個詞。聽上去有些玄學的意味，但語感好的文案，往往可讀性更強，並且更容易被人記住。

語感產生的根源，在於語言本身具有節奏和韻律。我們把那些節奏和韻律都無可挑剔的文字叫作詩，而具有這樣特點的文字通常更適合被唱出來，所以我們又把它們叫作詩歌。

在商業文案的範疇裡，富有節奏感的文案會讓受眾更樂意讀下去。我們需要讓文案像刺刀一樣短而尖利，一針見血，而不是像一條被抽掉脊柱的魚那樣黏糊糊、軟趴趴，令人生厭。

作家阿城的文章多用精悍的短句，筆力勁道。他曾提到一個讓文字富有節奏感的簡單訣竅，那就是，巧妙地利用標

點符號：

標點符號在我的文字裡是節奏的作用，而不是語法的作用，當我把「他站起來走過去說」改成「他站起來，走過去，說」，節奏就出現了。

漢語是以四拍子為基本節奏的，所以我們的成語大都是四字詞的。若我把四個字接四個字，拆解成三個字、一個字，接著又是四個字，文字本身，而非內容本身，就有意義和美感了，或者說就能刺激我們對美的感受了。

將句子放大到文章，同樣如此。一篇充滿長句的文章會讓人讀來吃力，而當長短句相間而且短句居多時，文章就容易呈現出節奏感。

> 充滿長句的文章會讓人讀來吃力，而當長短句相間而且短句居多時，文章就容易呈現出節奏感。

蕭紅*在《呼蘭河傳》的開篇寫道：

*蕭紅，現代女性主義作家，是民初四大才女之一。

嚴冬一封鎖了大地的時候，則大地滿地裂著口。從南到北，從東到西，幾尺長的，一丈長的，還有好幾丈長的，它們毫無方向地，便隨時隨地，只要嚴冬一到，大地就裂開口了。

用短而利落的句子，一下勾勒出了北地的酷寒。

阿城在《樹王》中描寫了一個因一棵大樹被砍倒而鬱鬱寡歡終結生命的男子肖疙瘩，小說的結尾是這樣寫的：

肖疙瘩的骨殖仍埋在原來的葬處。這地方漸漸就長出一片草，生白花。有懂得的人說：這草是藥，極是醫得刀傷。大家在山上幹活時，常常歇下來望，便能看到那棵巨大的樹樁，有如人跌破後留下的疤；也能看到那片白花，有如肢體被砍傷，露出白白的骨。

長短相間，長句不臃腫，短句利落；這樣的文字，讀起來節奏鏗鏘又意味深長。

在王小波看來，文字是用來讀、用來聽，而不是用來看的。不懂這一點，就只能寫出「充滿噪音的文字垃圾」：

看起來黑鴉鴉的一片，都是方塊字，念起來就大不相同。

詩不光是押韻，還有韻律；散文也有節奏的快慢，或低沉壓抑，沉痛無比，或如黃鐘大呂，迴腸盪氣——這才是文字的筋骨所在。

在王小波與妻子李銀河的書信散文集《愛你就像愛生命》中，他就寫出了無數充滿詩意的「文案」，讀起來情真意切，就像在撒一個不矯情的嬌：

我不要孤獨，孤獨是醜的，令人作嘔的，灰色的。我要和你相通，共存，還有你的溫暖，都是最迷人的啊！可惜我不漂亮。可是我誠心誠意呢，好嗎我？我會愛，入迷，微笑，陶醉。好嗎我？

在小說《舅舅情人》裡，他借錫蘭遊方僧之口，講述異域的魔幻情調，船尾的磷光、長著狗臉的食蟹猴、比車輪還大的蓮花、月光下的人魚……接踵而來的奇幻意象令人著迷：

他說月圓的夜晚航行在熱帶的海面上，船尾拖著磷光的航跡。還說在晨光熹微的時候，在船上看到珊瑚礁上的食蟹猴。那些猴子長著狗的臉，在礁盤上伸爪捕魚。他談到熱帶雨林裡的食人樹。暖水河裡比車輪還大的蓮花。南方的

夜晚，空氣裡充滿了花香，美人魚浮上水面在月光下展示她的嬌軀。

這些文字，除了其本身表達的意境與情緒之外，有一個共同點，那就是讀起來流暢輕盈、音律動人，這樣的文字讓人覺得筋骨柔韌，不僅提升了文案的可讀性，也讓讀者能夠對它們產生更加深刻的印象。

6. 停止諧音和雙關，遠離四字箴言

停止使用無聊的諧音和雙關吧，那是展示你文案功力最錯誤的方式。沒有哪位女士會被「今夜不讓皮膚加『斑』」這樣的文案打動，「後『惠』無期」這樣的文案即使刪掉也無妨。

另外，現在已經不是「駢四儷六，錦心繡口」的時代了，文案工作者需要盡量減少使用那些自認為「高大上」*實則傻里傻氣的四字箴言，用現代人的語言習慣與受眾進行交流。

~~~~~~

＊高大上，高級、大氣又高檔的意思。

汽車文案是四字箴言的重災區，諸如「隨心所動，悅無止境」、「頃刻曠世」、「耀世，傲世」等文案不僅不知所云，而且毫無品牌辨識度。

7. 延伸文字觸角，跨界積累詞彙

回到一個最現實的問題，職業文案工作者，到底該如何積累詞彙量？

首先，我們應該有正確的認識，那就是語言池的高漲是需要時間的，一切速成的東西都容易速朽，筆力的提升無法速成。在積累詞彙量這件事情上，聰明人都用笨辦法。你可以用一個隨身的小筆記本或者單獨開通一個部落格，記下你看到的、聽到的有意思的詞句，無論它屬於哪種類型，同事間的對話也好，外婆說的方言也好，文學作品中的摘錄也好，在商店宣傳頁上看到的句子也好……總之，要不間斷地往我們的語言池中注入活水。長此以往，當我們再次打開 Word 檔動筆寫文案時，會感到輕鬆許多。

作家村上春樹就曾經透露，他的腦中有一個「大型檔案櫃」，裡面儲存了各式各樣的資訊，當他寫作時，可以隨意提取，十分輕鬆：

我的腦袋裡配備著這樣的大型檔案櫃。一個個抽屜中塞滿了形形色色作為資訊的記憶。既有大抽屜，也有小抽屜，其中還有內設暗斗的抽屜。我一邊寫，一邊根據需要拉開相應的抽屜，取出裡面的素材，用作故事的一部分。

在日常生活、閱讀與交流中，如果碰到有趣的表達或新鮮的詞，不妨將它們記錄下來，不斷扔進你的「檔案櫃」中。

> 要不間斷地往我們的語言池中注入活水。長此以往，當我們再次動筆寫文案時，會感到輕鬆許多。

除了閱讀文學作品，文案工作者還需要打開自己的眼界，將接納資訊的觸角延伸到更廣泛的領域，盡可能多地接觸一些科普類的知識，這樣可以攝入許多清新的名詞，避免我們腦中只有油膩的形容詞。比如，我最近透過一本講解人體消化系統的書籍《腸保魅力》（*Darm mit Charme*），積累了許多有趣的知識和比喻：

肺的結構設定是超節能型的，只有吸氣的時候耗能，呼氣則是全自動的。如果身體是透明的，你就能看到肺有多奇

特、多漂亮，它就像個設計精密的發條機器，卻又如此柔軟、安靜。

腸道裡微生物的總重量能達到二公斤，差不多有 1000 萬億個細菌；一克糞便裡所含的細菌比地球上的總人口還要多。

　　類似這樣作者和譯者都相當出色的書籍，往往會讓我們眼界大開。下一次，如果我接到一個為醫藥類產品寫文案的任務，我就不會手足無措、腦洞空空了。

　　寫作不同行業的文案，積累詞彙量的側重點也有所不同，我們可以根據所處的行業，有的放矢地閱讀相關的書籍。如果你要寫房地產類文案，你應該讀揚‧蓋爾（Jan Gehl）的《人的城市》（*Cities for People*）、《建築之間：公共空間生活》（*Life Between Buildings*），讀中村拓志的《戀愛中的建築》（*Architecture in Love*），從中能學到建築、空間及其與人的心理、情感的關係，也能收穫與之相關的大量詞彙。如果你要寫生活方式類文案，比如旅行、美食、家居文案等，那你的素材簡直取之不盡，任何一個名家都不乏遊記、美食評論留存於世，讀讀他們的散文集，絕不會空手而歸。

　　此外，不僅是書籍，各類紀錄片、電影、歌詞，都是積累詞彙的有效途徑。只要懷有一顆開放學習的心，生活中處處都是可模仿的對象。

我 的 心 得 筆 記

我 的 心 得 筆 記

Chapter 2

避開抽象的雷區

畫面力

文字抽象，畫面具象。

現代人愛看電視電影，卻任由書籍自生自滅。

為什麼？因為畫面感愈強，受眾就愈省力，作品和受眾之間的隔閡就愈小。

可樂會腐蝕你的骨頭。

長城是在太空中唯一能看到的人類建築。

一年賣出 7 億多杯，杯子連起來可繞地球兩圈。

　　為什麼上面這類標題、廣告語甚至謠言，都能讓我們記憶深刻，讀一遍就難以忘記，甚至忍不住向身邊的人傳播呢？仔細觀察就能發現，它們都是畫面感非常強的文案。

　　語言學大師索緒爾（Ferdinand de Saussure）說過：「語言的所指和能指間的關係是任意的、武斷的。」很難解釋為什麼 apple 能代表那種紅色的、咬起來發出清脆聲音的水果。

　　詞語和它所指代的事物之間，儘管是一種約定俗成的社會關係，但也容易引發歧義和不解，形容詞和副詞這類抽象詞彙尤其如此。例如，對「漂亮」一詞，有人會解釋為「五官比例或身材比例完美」，有人會理解為「年輕有活力」。這種理解上的偏差可能會導致說者與聽者溝通不暢。

　　但我們知道，文案的任務就是和受眾進行精確、有效的溝通，我們需要盡力避免語言中的模糊性，盡量使用那些具象的詞彙，並且，還要學習構建畫面的能力。因為人人都更願意接受生動的細節，而非枯燥的理論；人人都喜愛有趣的

內容，而排斥那些雖然準確但陌生抽象的知識條目。

> 避開使用抽象度高的詞彙，選擇具有實際指代意義的詞彙，才
> 能構建可理解的「意義畫面」。

比起「蘋果」這種顯而易見的指代，每個人對「極致」、「完美」、「快樂」、「享受」這類抽象的詞彙顯然更容易產生理解偏差。文案工作者瞭解了語言的這一特徵，可以盡力避開使用抽象度高的詞彙這個雷區，選擇具有實際指代意義的詞彙，才能構建可理解的「意義畫面」。那麼，如何盡量消除語言的模糊性，讓文案的描述真實可感、有畫面感呢？下面提供了四條建議。

1. 避開知識的詛咒，讓文案成為提詞器

畫面感強的文案，不僅可以降低受眾的理解成本，也可以加深受眾的記憶，對我們有百利而無一害。

道理很容易講明白，但當我們真正動手撰寫文案時，還是會不知不覺地寫出一堆抽象的、受眾難以輕易讀懂的文字來。為什麼？

因為我們都中了「知識的詛咒」：

你知道的事情別人也許不知道，而你卻恰恰忘了這一點。因此當你準備和他人分享答案的時候，就可能陷入把聽眾當成是自己的困境。

　　《黏力》一書中將這種現象稱為「知識的詛咒」，它會讓我們想當然地把受眾幻想為一群和我們擁有同等知識儲備的人。然而現實卻是，除非受眾都屬於某一垂直細分領域，否則我們的受眾有長有幼、有男有女；有的學富五車，有的卻早早輟學了。如果我們困於知識的詛咒，我們就很難和這樣參差多態的人群進行有效溝通。

　　那麼，我們到底應該如何將資訊傳遞給盡可能廣泛的人群？

　　我們知道，世界上大多數人都在做著複雜的工作，雖然我們渴望專業人士可以「說人話」，但現實卻是我們很難用一句簡單的話概括一個學科。

　　這時候，讓我們的內容與受眾熟悉的事物發生聯繫，就成為了資訊傳達的關鍵。我們寫下的文案應該是一個「提詞器」。它們不是單純地表達，而是喚起；不是新增資訊，而是連接資訊。

如果你要向沒看過釋迦的人介紹釋迦，你會怎麼寫？

你可以這樣描述：

釋迦又名番荔枝，成熟時表皮呈淡綠色，覆蓋著多角形小指大之軟疣凸起（由許多成熟的子房和花托合生而成），果肉呈奶黃色，肉質柔軟嫩滑，甜度很高。

這樣的文案雖專業，但對於許多普通受眾而言，讀完之後依然很難對釋迦這種水果有一個形象的認知。因此，我們需要再改造一下我們的文案：

釋迦又名番荔枝，它的果實就像佛祖的腦袋那樣，布滿圓圓的、淡綠色的「肉髻」，果肉是奶黃色的。當你吃一口釋迦，那味道就像同時咀嚼荔枝和芒果，非常香甜。

第二段文案對普通受眾而言，顯然是更容易理解的，它相當於在你腦海中已有的概念（佛祖的腦袋）上插了一面旗幟，當你知道釋迦長得像佛祖腦袋時，你腦海中會浮現出一個具體的畫面，然後文案再告訴你兩者的差別：它是淡綠色的，果肉是奶黃色的，味道就像荔枝和芒果的合體。這樣的描述會讓你腦中釋迦的形象逐步完善。

同樣地，「每 100 克魷魚乾含膽固醇 871 毫克」和「吃一口魷魚等於吃 20 口肥肉」這兩句文案相比，顯然是後者讓人印象深刻；因為大部分人對 871 毫克膽固醇並沒有準確的認知，但肥肉卻是每個人都熟悉的事物。

如果你的公司推出了一款超輕超薄的筆記型電腦，讓你為這款產品撰寫一句文案，你會怎麼寫？我們可以對比一下三星（Samsung）筆記型電腦的文案和小米筆記型電腦的文案。三星 Notebook 的文案是「超輕薄機身」，小米 Air 的文案是「像一本雜誌一樣輕薄」，後者就運用了形象思維，在受眾頭腦中已有的概念「雜誌」上插上旗幟，讓大家對小米 Air 的厚度和重量都建立起了一個具體的認知。

畫面感強的文案有優勢，根源在於人類的大腦對資訊的處理偏好。人類的大腦天然喜好接受那些具體形象的資訊，排斥抽象的資訊。

下面兩句文案，哪一句能讓你更瞭解凱西這個女孩？

A 文案
凱西是個很精緻的女孩，她很愛美，希望自己時刻處在完美的狀態。

B 文案

凱西每年用掉的面膜可以鋪滿 20 座遊泳池，敷到臉上的化妝水、乳液、面霜加起來超過 100 公斤，購買的口紅連起來可以繞足球場一圈。

顯然，當受眾讀到 A 文案的時候，得到的資訊是抽象的，對凱西這個女孩的印象也很模糊。而 B 文案則充滿了細節和對比，「鋪滿 20 座遊泳池」的面膜、「超過 100 公斤」的化妝水、乳液、面霜，「繞足球場一圈」的口紅，是多愛美的女孩才能一年消耗掉這麼多化妝品、護膚品？這樣的文案，讓凱西的形象一下子就鮮明起來了。

> 要想寫出生動的文案，就必須捕捉、放大語言的畫面感。

語言是抽象的，但生活不是。要想寫出生動的文案，就必須捕捉、放大語言的畫面感。文字抽象，畫面具象，這就是為什麼現代人愛看電視、電影，卻任由書籍自生自滅。因為看書費腦，讀了文字，得理解，得靠想像力轉換成能理解的畫面。所以，文案表達得愈生動，畫面感愈強，受眾就愈省力，文案和受眾的隔閡就愈小。

2. 畫面感能量：動詞 > 名詞 > 形容詞 / 副詞

當我們進行文案創作時，必須清晰地意識到，不同詞彙的畫面感能量是不一樣的。一般來說，動詞的畫面感最強，其次是名詞，最弱的是形容詞與副詞。

> 一般來說，動詞的畫面感最強，其次是名詞，最弱的是形容詞與副詞。

動詞本來描述的就是一個動態的過程，天生能讓文案呈現富有力量感的畫面。比如紅星二鍋頭（高粱酒）有兩組文案，「用子彈放倒敵人，用二鍋頭放倒兄弟」；一個「放倒」，就能體現出烈酒象徵的熱血和義氣。這樣的動詞，能讓軟綿綿的文案立刻精神抖擻起來。「把激情燃燒的歲月灌進喉嚨」，這句文案也異曲同工，一個「灌」字用得巧妙。試想一下，如果把「灌」字換成「喝」字，文字的畫面感就會大打折扣。「灌」字能讓人聯想到「一仰脖子把酒一飲而盡」的畫面，非常過癮，讓人熱血沸騰，和紅星二鍋頭這款烈酒的產品屬性也很協調。

全聯超市就曾透過系列文案，提倡一種全聯式的、省錢的消費觀。出現在全聯廣告中的，不是常去超市的阿公阿婆，

而是外表時尚但同時抱有精打細算消費觀的年輕人。一則宣傳海報文案是這樣的：「我的豬（存錢筒）長得特別快。」其中的「長」字，勾勒出了符合品牌氣質、接地氣又生動的畫面。還有一則文案是：「養成好習慣很重要，我習慣去糖去冰去全聯。」這裡則運用同一個動詞不同的含義，表達出核心訴求。

看了這麼多案例，你一定在想，到底如何利用動詞，寫出具有畫面感的文案呢？在文案寫作的過程中，我們需要一步一步地鍛鍊動詞的使用技巧。我是這樣做的：

❶ 先按需求寫出一句文案；
❷ 試著將它改寫成含有動詞的句子；
❸ 審視這些動詞，試著找到更好的動詞替換它。

比如，你需要給一家蝦皮商商城寫一句文案，目的是告訴目標受眾這裡的東西物美價廉、值得購買，這時可以分三步來撰寫並優化文案：

❶ 這家蝦皮商城的東西很便宜、實惠！
❷ 5 塊錢能買到的，為什麼要花 10 塊？
❸ 能花 5 塊錢買到，憑什麼要掏 10 塊？

第一句文案，「這家蝦皮商城的東西很便宜、實惠！」是一句把訴求說清楚了，但是十分平庸、味同嚼蠟的文案，這樣的文案在資訊爆炸的傳播環境下，基本上只有被淹沒的命運。第二句文案，「5塊錢能買到的，為什麼要花10塊？」開始站在受眾的角度來闡明利益，比第一句文案更能引發受眾的興趣。第三句文案，將「花」字改成「掏」字，換了一個動詞，讓語氣強烈了不少，也讓文案更具有畫面感。

在文案工作者的日常工作中，可以有意識地使用這樣的「三步練習法」，不要嫌麻煩、費時，畢竟，有價值的目標都不可能一蹴而就，提升文案寫作技巧也是如此。

3. 拒絕含混，文案要有透明的質感

文字本質上是一種傳遞資訊的介質，表意清晰是對它的基本要求。有畫面感的文案更是需要把資訊排列整齊後再呈現給受眾，而不是用文字製造一座使他們困惑的迷宮。

有一個技巧可以讓你的文案表意更清晰：當你描述一件產品或者某種情緒時，要盡可能讓你的文字「多走一步」。也就是說，在你寫出自認為已足夠清晰的文案後，試著用更具象、更具畫面感的詞彙再「翻譯」一遍。

盡可能讓你的文字「多走一步」。在你寫出自認為已足夠清晰的文案後,試著用更具象、更具畫面感的詞彙再「翻譯」一遍。

比如,如果讓你去描寫一款汽車「車廂空間利用率高」這項特點,你會怎麼撰寫這段文案?

A 文案
第一眼看上去奧斯汀比其他美國家用汽車小,但當你打開車門坐進去後,你會驚訝地發現車廂如此寬大舒適。

B 文案
第一眼看上去奧斯汀比其他美國家用汽車小,但當你打開車門坐進去後,你會驚訝地發現車廂如此寬大舒適。裡面沒有浪費的空間,每一英寸都可以利用。

C 文案
第一眼看上去奧斯汀比其他美國家用汽車小,但當你打開車門坐進去後,你會驚訝地發現車廂如此寬大舒適。裡面沒有浪費的空間,每一英寸都可以利用,大得足以讓四個身高 180 的人舒服地坐在裡面。

大部分文案工作者在描寫車內空間寬大舒適這項特點時，很可能就止步於 A 文案，受眾能在這段文案讀出寬大這一概念，卻不知道到底有多寬敞。稍好一些的，會止步於 B 文案，讓受眾知道寬大來源於每一寸空間都沒有浪費。

然而一流的文案工作者會想方設法讓文字資訊足夠明晰、充滿畫面感。比起 A 文案和 B 文案，C 文案顯然更勝一籌，這是奧美創始人大衛‧奧格威（David Ogilvy）為奧斯汀（Austin）汽車撰寫的文案。寬敞到可以坐下四個身高 180 公分的大個子，一個具象的「參照物」，讓「寬大」這個抽象概念一下子具有了畫面感。

如果想表達勞斯萊斯（Rolls-Royce）坐墊的奢華闊氣，應該怎麼寫？這是大衛‧奧格威的文案：

坐墊由八頭英國牛的牛皮所製──足夠製作 128 雙軟皮鞋。

每一個詞彙都具象：耗費「八頭英國牛的牛皮」、「128 雙軟皮鞋」用量的皮料，才足以製成勞斯萊斯的坐墊。文案寫到這個地步，才堪稱不含混。

如果要描述一輛汽車品質好，你會怎麼寫？

威廉‧伯恩巴克（William Bernbach）在為金龜車（Beetle）撰寫的廣告文案中寫道：

在設於沃爾夫斯堡的工廠中，每天生產 3000 輛金龜車，同時這裡有 3389 位檢查員，他們唯一的任務就是在生產過程中的每一個階段都檢查金龜車。每 50 輛金龜車中總會有一輛不通過。

　　超過每日汽車產量的檢查員人數、極低的檢查通過率，讓「汽車品質好」這個模糊的概念變得清晰起來。

　　作家余華*曾說，他對語言只有一個要求，那就是，準確：

一個優秀的作家應該像地主壓迫自己的長工一樣，使語言發揮出最大的能量。魯迅就是這樣的作家，他的語言像核能一樣，體積很小，可是能量無窮。作家的語言千萬不要成為一堆煤，即便堆得像山一樣，能量仍然有限。

　　只有當文案工作者能用文字準確地傳達資訊時，他寫出的文案才能擺脫含混的迷霧，呈現出透明的質感，也更容易為受眾所理解、吸收與記憶。

*余華，中國先鋒派小說的代表人物，著名作品有《活著》、《許三觀賣血記》等。

4. 用觀察力提升文案顆粒度

有的文案，讀起來就像一個近視 1000 度的人看到的世界，模糊而扁平，而另一些文案所呈現的世界則清晰立體、充滿細節。

造成無法寫出細節豐富、有「顆粒度」的文案的原因通常有兩種：一是表達能力太弱，無法將所見、所思清晰地用文字還原；二是觀察能力太弱，世界在他眼中原本就是混沌的。第二個原因往往是根源所在。

> 造成無法寫出細節豐富、有「顆粒度」的文案的原因通常有兩種：一是表達能力太弱，二是觀察能力太弱。第二個原因往往是根源所在。

一名優秀的文案工作者，就像一臺行車記錄器、顯微鏡那樣，能對周圍的人、事、場景、情緒，進行有顆粒度的觀察與感知。

同樣是對觀察力要求很高的職業，畫家需要通過千萬幅速寫來磨煉觀察力，文案工作者也需要透過反覆的寫作練習來提升文案的顆粒度。

在《呼蘭河傳》中，蕭紅對故鄉院裡的植物們進行了細緻的描寫，精確到了纖毫畢現：

黃瓜的小細蔓，細得像銀絲似的，太陽一來了的時候，那小細蔓閃眼湛亮，那蔓梢乾淨得好像用黃蠟抽成的絲子，一棵黃瓜秧上伸出來無數的這樣的絲子。絲蔓的尖頂每棵都是掉轉頭來向回卷曲著，好像是說它們雖然勇敢，大樹，野草，牆頭，窗櫺，到處地亂爬，但到底它們也懷著恐懼的心理。

對黃瓜秧上的細蔓進行如此細緻的描寫，背後是驚人的觀察力，蕭紅的眼睛就像自帶微距鏡頭。

馬奎斯在《愛在瘟疫蔓延時》（*El amor en los tiempos del cólera*）中這樣描寫烏爾比諾（Juvenal Urbino）醫生的午休：

他幾乎總是在家中吃午飯，飯後一邊坐在院裡花壇上打十分鐘的盹，一邊在夢中聽女傭們在枝繁葉茂的芒果樹下唱歌，聽街上的叫賣聲，聽港灣裡柴油機和馬達的轟鳴聲。炎熱的下午那種響聲在周遭迴盪著，就像被判刑的天使在受難一樣。

女傭的歌聲、街上的叫賣聲、柴油機和馬達的轟鳴聲——除了視覺，優秀的寫作者對聲音也同樣敏感。

寫作者透過細緻的觀察，運用白描手法，按照時空順序或內在邏輯串聯一系列動作或意象，拋開主觀評論，單純透過對客觀事物的展現，為讀者勾勒出了一幅如在眼前的畫面。並且，那些動作或意象是讀者熟悉的、讀到後頭腦中立刻會呈現出常見行為和物體。

先是幾個小步跳躍，再一個屈膝禮；接著用他那細長的腿來了個靈活利落的擊腳跳，然後開始姿態優雅地旋轉，蹦蹦跳跳，滑稽地擺動身體，彷彿前面就有觀眾，露出微笑，擠眉弄眼，把雙臂圍成圓形，扭動他木偶般可憐的身體，朝空中可憐又可愛地點頭致意。——《小步舞》（*Minuet*）／莫泊桑（Guy de Maupassant）

跳躍、擊腳跳、旋轉、蹦跳、擺動、微笑、扭動、點頭致意……莫泊桑筆下這一連串的動作有序、流暢，完整再現了人物的行進脈絡。讀者無須費腦，只要順著作者的筆觸，就能迅速在腦海中描繪一幅幅一氣呵成的動作畫面。

名為「意識形態」的廣告公司在一則為中興百貨（已於

2008 年結束營業）所做的海報文案中，透過對毛料、骨瓷皂盤、亞麻浴袍、柑橙芳香燭、港式素蠔油等一連串物件的描寫，試圖為現代都市人群描摹一種擁有美學精神的消費生活方式。

毛料是個髒字，黑色已經汙名化，沒有人敢再提起 PASIIIMINA，再不去買，你只配以身體把衣服遮起來。
骨瓷皂盤教你飯前洗手，少了亞麻浴袍必定忘記睡前祈禱，不燒柑橙芳香燭如何證明上帝存在，只要懂得買，連港式素蠔油也會分泌亞洲美學精神。

別墅廣告不同於普通的房產廣告，其目標受眾往往是到達一定高度，追求返璞歸真生活的人群。他們遠離摩肩接踵的鬧市，期待尋得一片難得的安靜之所。這則名為「草山先生住所」的別墅廣告中，出現了大量如山霧、落葉、溪澗、飛鳥等的細緻意象。這處住所貼近自然、豐富人生的旨趣，正是透過這些自然趣味的元素表達出來的。

董事長下了班，最痛苦的身分就是董事長。即使散步在仁愛路口，打拳在國父紀念館，休閒服裡也總得備上一疊厚厚的名片，應付斜地裡閃出來的客戶、長官與陌生朋友。

應付一個嘈雜的社會需要名片，讓人既注意你，但又忽視你；享受真正寧靜的生活，卻僅要一個微笑的領首，最簡約的禮數，譬如草山的鄰人。寧靜的山、沉默的樹，不會喧嘩著身分、地位、成就；山霧、落葉、溪澗、飛鳥、自然的作息，薰陶了草山先生們字根表的人生視野，即使是樸實的店家，在淺淺的一聲「林桑」間，你也會覺得她是一位生活的智者。選擇寧靜的住所與環境，應該在草山。

　　細節對提升文案畫面清晰度的作用是巨大的。《黏力》一書曾提到，有研究表明，律師在其辯護詞中增添一些生動的細節（即便這些細節根本與案情無關），往往能幫他們提高說服陪審團的機率。比如在一件爭奪子女監護權的案件中，律師講述了母親每晚叮囑兒子刷牙，並且給他購買《星際大戰》牙刷的細節，陪審團就更傾向於將監護權判給母親一方。

　　對於文案而言，細節同樣重要；一堆模糊含混的資訊很難讓受眾產生信任感，而細節豐富的文案則能幫助受眾在頭腦中勾勒出具體的畫面。一段描寫房地產計畫「高綠化率」這項特點的文案，是這樣寫的：

在自然界，你找不到一條直線。
沒經過人工修剪的葡萄架，

被馬車打磨了上百年的鵝卵石，
還有那些天生就站在那裡的楊樹、梧桐樹，
也許，自然才是最好的園林設計師。

　　沒經過人工修剪的葡萄架、被馬車打磨了上百年的鵝卵石、楊樹、梧桐樹……這段文案透過對一系列非直線物體的細緻描寫，勾勒出了一處寬敞、天然的園林場景，細節豐富得彷彿給了遠方的受眾一架望遠鏡，讓他們足以看清每一個角落。

　　「網易嚴選」（電商平台）在推薦一款專為幼兒設計，特色是「打不翻」的吸盤碗時，用文案細緻地描述了寶寶使用吸盤碗的過程：

飯前，正面按壓碗，排出吸盤內空氣。飯後，拉起小尾巴，讓空氣進入。

　　其中「拉起小尾巴」這個小細節的描寫，不僅突出了產品設計層面的貼心，更寫出了童趣風格，也與產品調性成功呼應。

　　威廉・伯恩巴克在為安維斯租車（AVIS）撰寫宣傳文案時，想要突出安維斯這家處於市場第二位的公司詳細周密、

毫不懈怠的特質，他是這樣寫的：

小魚必須不停地游，大魚總在不停地追趕牠們，安維斯深知小魚的難題。我們只是租車業的第二。如果我們不更加努力，就會被吞噬。我們永不停歇。我們的菸灰缸總是清空的，在租出汽車前為油箱加滿油，為電池充滿電，檢查擋風玻璃的雨刷。我們只出租嶄新的福特汽車。因為我們不是個頭最大的魚，所以你不必擔心在櫃檯擠得像沙丁魚，我們不會讓顧客擠作一團。

　　這段文案的標題叫作《當你只是第二，你會更加努力，否則……》，整段文案除了鮮明地亮出「更加努力」、「永不停歇」的口號，還透過有「顆粒度」的描寫，讓受眾感受到安維斯的真誠，比如總是清潔乾淨的、加滿油充滿電的、嶄新的、擋風玻璃經過細心檢查的汽車，而且不會讓顧客忍受擁擠。

> 字符中蘊藏的龐大資訊量，它們所能代表的客觀事物和主觀情感，就是文案的利器；是戳中受眾痛點、撥動受眾心弦、點燃受眾熱情的一流工具。

我們身處一個技術愈來愈精湛、設計的畫面也衝擊力十足的時代，但是依然沒有人敢否認文字的力量。字符中蘊藏的龐大資訊量，它們所能代表的客觀事物和主觀情感，就是文案的利器；是戳中受眾痛點、撥動受眾心弦、點燃受眾熱情的一流工具。然而文字如果不被善加利用，它的抽象性就注定使它淪為行銷活動的附屬品、專門用來吶喊宣傳的邊緣角色。

　　在日常寫作之外，文案工作者需要養成觀察的好習慣，看到某個場景、事物時，試著在心裡默默用文字將它描述一番；長此以往，當我們寫文案時，會少很多不知道如何下筆的時刻。下一次，請用你的文案在受眾心裡畫一幅充滿細節的畫，而不是丟下一堆晦澀難懂、莫名其妙的「鬼畫符」。

Chapter 3

要不要「救貓咪」故事力

故事的本質是一種高明的溝通策略，它融合了創造力、情商、
消費心理學、語言表達能力乃至神經系統科學等多領域知識；
一個好故事可以幫助品牌更高效地傳遞資訊，取得更好的說服效果。

「如果你想造一艘船，先不要僱人去收集木材，而是要激起人們對大海的渴望。」如果你想激起人們對大海的渴望，最聰明的方法是給他們講個關於大海的故事。

文案的本質是溝通，而故事則是一種高明的溝通策略。從 1 萬年以前的洞穴岩壁，到今天的 IMAX 電影銀幕，成千上萬的故事在流轉、傳播，催動著人們情緒的共振。

心理學研究顯示，生動的、能激發情感的刺激更容易進入頭腦，在編碼時得到大腦更充分的加工。好故事擁有挑起人們強烈情緒的能力，無論這種情緒是感動、悲傷、狂喜、憤怒還是恐懼，情緒足夠強烈，就意味著更容易形成記憶。

> 好故事擁有挑起人們強烈情緒的能力，無論這種情緒是感動、悲傷、狂喜、憤怒還是恐懼，情緒足夠強烈，就意味著更容易形成記憶。

而人類情緒的一大特徵就是具有普適性，擁有共性和規律。下至妙齡少女，上至耄耋老人，視、嗅、味、觸覺是他們共享的感官世界，喜怒哀樂是他們都會有的情緒。每個人也具有關心內心世界、渴望自我成長、想要實現充實愉悅的期待，正是基於這些共同的內心需求，好故事才能像一張網

一樣捕獲眾多受眾的心。

在資訊超載的新媒體環境下，有故事感的文案擁有比普通文案更強大的傳播力，它們利用人類對故事的天生喜好，消解了受眾對廣告的排斥感，以一種更巧妙的方式吸引受眾目光、走進受眾內心，並且有更高的機率留存於受眾的記憶中，不被滾滾襲來的資訊洪流沖淡。

那麼，到底怎樣才能寫出有故事感的文案？

故事的重要性不言而喻，也有大量書籍會教你如何去講一個故事，比如構建「背景、觸發、探索、意外、選擇、高潮、逆轉、解決」，但是商業文案寫作不同於小說創作，並沒有廣闊的發揮空間，而是承擔著現實的任務。

想要寫出有故事感的文案，往往需要「捨其骨骼皮膚而留其魂魄」，商業文案沒有小說的篇幅供你揮灑，只能保留故事最吸引人的部分。

1.「救貓咪」思維：讓故事活起來

「救貓咪」一詞出自好萊塢編劇，所謂的救貓咪場景是指：為了讓主人翁具有吸引觀眾的特質，給主人翁安排一些幫助他人的場景，哪怕是很小的一個場景，比如，救一隻貓咪，透過這種舉動，讓觀眾覺得主人翁有血有肉，而不是一

個冷冰冰的英雄或毫無人性的壞蛋，也容易喜歡上他。

文案大師同樣能捕捉到受眾心底的需求，一句優秀的文案會製造一個救貓咪的場景，成功打動受眾並讓他們產生預期中的反應。1925 年，廣告大師約翰‧卡普雷斯（John Caples）要為美國的音樂學院推銷音樂函授課程的一則廣告寫標題。

他沒有提及課程的優勢，而是寫了一則短短一句話的小故事：「我坐在鋼琴前時他們都嘲笑我，但當我開始彈奏時……」每個人都曾有過被別人看低的時刻，每個人都有揚眉吐氣的願望，這句文案一出，立刻撩動了無數顆對成功抱有欲望的心靈。

「廣告文案的任務是啟發、引導欲望。」尤金‧施瓦茨（Eugene Schwartz）這樣說。數十年之後，這個模式仍被文案工作者廣泛採用。你不妨也試著使用這個模式，為你服務的品牌主撰寫系列文案：

我在 PChome 訂購衣櫃時我丈夫笑我，
但當我省下 50% 的錢後……

當我下載「派愛族」時他們都嘲笑我，
但當我和女神約會時……

我寫文案時親戚覺得我沒有出路，
但當我在臺北蛋黃區全額付清買了房時⋯⋯

　　巧妙地運用情感聯繫，抓住人們的情感和興趣，是救貓咪思維成功運用的關鍵。

　　「螞蟻金服」（網際網路金融服務公司）在一組文案中，展現了產品為用戶帶來的利益。在文案中，可以看到救貓咪思維的運用，讓文案充滿故事感、充滿細節：

06：16　上海市黃浦區

洪蓉芳 67 歲 個體商戶

自從孫女給我弄了支付寶

每天早上來買餅的年輕人翻了倍

他們誇我，阿婆你好潮啊

23：36　浙江省杭州市

黃慧 35 歲 服裝店老闆

做生意難免有急用錢的時候

最怕欠錢又怕欠人情債

現在好了，憑信用就能借到款，半小時就到帳

04：16　安徽省高速公路服務區
朱廣民 39 歲 進城務工人員
以前，揣著攢了一年的錢回家過年
半夜都得睜著眼
現在，不光錢
連車票都在手機裡，很踏實

01：26　日本東京
張孟超 31 歲 IT 工程師
深夜，一個人走進東京街頭的便利商店
看到熟悉的支付寶，恍如身在北京

　　賣煎餅的阿婆、服裝店老闆、進城務工的大叔、IT 工程師……多個用戶獨白式的白話文案，勾勒出個體生活的細節，以及螞蟻金服與他們生活的交融。仔細觀察就會發現，現在這類以用戶的小故事作為廣告文案的方法愈來愈受歡迎了。

　　充滿細節的故事，很容易觸動受眾的心弦。譬如，賣煎餅的阿婆是由外孫女教會她使用支付寶的；服裝店老闆怕欠錢又怕欠人情債；進城務工的大叔攢了一年的錢，坐火車回家時緊張得「半夜都得睜著眼」；IT 工程師獨自在異鄉，半夜走在街頭的孤獨與慰藉；這些故事中的細節都是人之常情，

也都是生活中常見的或甜蜜或心酸的時刻，很容易引起受眾的共鳴，而這種共鳴足以消弭橫亙在廣告和受眾之間的隔閡與不信任。

這樣的文案，無須高談闊論，也無須誇讚，透過普通人的故事，透過文字呈現出的細節，就能展現螞蟻金服的氣量與能量。

2. 洞察有銳度：好故事身上帶刺

不痛不癢的叫事實，尖銳揪心的才叫故事。有銳度的故事可以賦予文案穿透力，像刺一樣扎進受眾的心中，而銳度則源於精準的洞察。

> 有銳度的故事可以賦予文案穿透力，像刺一樣扎進受眾的心中，而銳度則源於精準的洞察。

大部分文案工作者對故事的理解就是人物、情節、環境，然而即便具備了這些要素，大多數情況下你也只能寫出一個完整的故事，而非一個好故事。比如，如果要給一家健身房寫宣傳文案，勾起受眾管理體型的欲望，你會怎麼寫？

A 文案

Lily，25 歲，健身 365 天，甩掉 20 公斤。

B 文案

Lily，25 歲

2016 年體重 70 公斤，綽號「胖妞」；

2017 年體重 50 公斤，人稱「女神」。

　　兩則文案相比，A 文案雖然也具備了故事的要素，但相比 B 文案就缺少了銳度——一根能刺中受眾痛點的刺——肥胖帶來的人際交往傷痛。

　　文案大師威廉·伯恩巴克在金龜車的一則文案中寫道：

我，麥克斯韋爾·斯內弗爾，趁清醒時發布以下遺囑：

給我那花錢如流水的太太蘿絲留下 100 美元和一本日曆；

我的兒子羅德納和維克多

把我的每一枚 5 分幣都花在時髦汽車和放蕩女人身上，

我給他們留下 50 美元的 5 分幣；

我的生意合夥人朵爾斯的座右銘是「花錢、花錢、花錢」，

我就什麼也「不給、不給、不給」；

我其他的朋友和親屬從未理解一美元的價值，

我留給他們一美元；

最後是我的侄子哈洛德，

他常說「省一分錢等於掙一分錢」，

還說「哇，麥克斯韋爾叔叔，買一輛金龜車肯定很划算」。

我決定把我 1000 億美元的財產全部留給他！

透過一則幽默故事，不僅道出金龜車的物美價廉，也勾勒出一個節儉明智的車主形象。這則廣告文案即使放到今天都不免有劍走偏鋒的意味，但正是這種有銳度的文案，可以刺進目標群體心中，建立起金龜車可愛、調皮又實用、可靠的差異化形象。

「今日頭條」旗下自媒體平台「頭條號」，曾為平台上一群表現優異的自媒體人拍攝過一組紀錄片，名叫《生機》。這組紀錄片中，拍攝了如下幾組人物：寫教授養豬技術文章，閱讀量超過 5000 萬人次的 90 後*少年；從國企裸辭*，家裡蹲拍花卉種植短片的中年男子；被家人逼婚，投身科技手工

*90 後，即「八年級生」，泛指出生於 1991 年至 2000 年的人。

*裸辭，指在還沒有找到下一份工作、未來收入沒有保障的狀況下辭職。

短片創業的女孩；還有天津一位 60 歲的老木匠，他將自己的木工活影片發布到今日頭條，收穫了可觀的播放量。

紀錄片的拍攝者在策劃紀錄片腳本及撰寫宣傳文案、標題時，都有意識地塑造著「帶刺的故事感」，提煉出一些能吸引大眾注意力、引發共鳴的關鍵詞，譬如「月薪 3000 元到月薪 10000 元人民幣」、「裸辭」、「逼婚」、「傳統手藝失傳」等；這些關鍵詞就像小刺一樣，可以起到扎眼的作用，讓故事逃離被淹沒在資訊洪流中的命運。

3. 反差設定：卸下平庸的枷鎖

一個一本正經、工作認真的大叔，和一個穿粉色卡通 T 恤的一本正經、工作認真的鬍渣大叔，哪個更容易吸引人的注意力？顯然，後者更容易成為同事們當天的社交話題。

反差所帶來的驚喜與新鮮感，可以讓故事文案變得妙趣橫生。在廣告資訊泛濫的今天，平庸的資訊只會被受眾的大腦過濾掉，而具有反差設定的故事則能觸動他們。

> 反差所帶來的驚喜與新鮮感，可以讓故事文案變得妙趣橫生。

試想一下，一向以莊重、肅穆形象示人的歷史博物館忽然「賣起萌」來＊，會產生怎樣的反差效果？在 2018 年春節期間，「博物館之城」西安就聯手網易新聞共同推出了一組新春海報，海報上是隋青石菩薩像、漢青釉陶狗、唐仕女俑、唐三彩胡人騰空馬等古代文物的照片，而與之相配的文案卻是這樣的「畫風」：

分享一個親戚社交生存祕籍：保持微笑，您說得對，都可以。（隋青石菩薩像）

喂！單身汪們，本命年我們穩住，能贏。（漢青釉陶狗）

莫問假期有何沉澱，執手相看圓臉。（唐仕女俑）

交通工具上，總喜歡念點詩，比如：但使龍城飛將在，不教胡馬去上班。（唐三彩胡人騰空馬）

﹌﹌﹌

＊賣萌，耍可愛的意思。

俏皮有趣的文案，與海報畫面中的文物照片一方面具有某些貼合之處，比如「保持微笑」對應隋青石菩薩像的慈悲笑臉，「單身汪」對應漢青釉陶狗，「執手相看圓臉」對應唐仕女俑胖胖的臉蛋；但另一方面，這些文案卻更多地塑造出了強烈的反差感，讓原本嚴肅、充滿距離感的古代文物變得親民、可愛起來，讓文物得以拂去身上的「塵土」，更吸引人們的目光。

　　東京電視臺曾經有一組介紹參選議員的文案，在社交網路上轟動一時：

· 成清梨沙子
　東京大學畢業，有一個兒子，
　初中、高中都報了網球社團，卻從不參加活動，
　政策明確，自己的房間卻亂七八糟。

· 大塚隆朗
　倡導取消流浪動物安樂死，
　自己的愛犬卻差點離家出走。

· 後藤奈美
　性格是「勇往直前」那種，
　曾撞過三次電線桿。

・鈴木勝博

　創辦了旅遊雜誌《jalan》，

　自己出國玩卻弄丟護照。

・早坂義弘

　人生目標是成為有骨氣的政治家，

　四月被檢查出骨質疏鬆……

　　為什麼這組文案會讓人覺得很有趣？稍加分析就會發現，文案中都使用了「反差人設」這個技巧。

　　政策明確，但自己的房間雜亂無章；倡導取消流浪動物安樂死，但自家的寵物差點離家出走；創辦了旅遊雜誌，自己卻搞丟旅行護照；有骨氣，卻患有骨質疏鬆……這些文案都是以一個嚴肅、宏大的設定，對比一個瑣碎、生活化的設定，形成較強的反差，讓故事中的人物更加立體，更容易引發公眾的討論和傳播。畢竟，平面化、臉譜化的形象大家早就司空見慣，反差感則會給人驚喜。

　　瑞穗鮮乳拍過一部 MV，片名叫作《我的不會媽媽》。早餐、洗衣粉、廚具這類產品，打母親情懷牌的策略很常見，但是這部短片卻有意顛覆人們印象中的傳統母親形象，她不再是溫柔、美麗、完美的。短片透過小男孩日記的視角，記

錄了一個不會殺螃蟹、不會控制情緒、言行不一致、講話很嘮叨的母親,而她唯一會做、擅長做的事情,就是「做我的媽媽」。

傳統主打親子關係的品牌熱衷於塑造「高大全」*媽媽形象,比如為孩子犧牲個人生活、為孩子化身為溫柔天使的媽媽,而「不會媽媽」的創意則從媽媽的窘迫切入,塑造了一個有反差形象的母親,卻顯得更加真實可愛,拉近了與受眾之間的距離,讓受眾產生一種「原來你也是這樣」的親密感受。

反差設定這個方法,在千禧世代的年輕群體中,更是大受歡迎。就像在過去幾十年中,日本三麗鷗(Sanrio)公司的「頭牌明星」一直是溫順、可愛的 Hello Kitty,她形象乖巧,甚至沒有嘴巴,給同時代的年輕人帶來正能量的治癒。可近年來,情況卻發生變化,一顆性別不明、體態軟綿綿、表情頹喪的蛋黃哥成為年輕人的新寵,它以一種慵懶、「萌賤」的姿態圈粉無數。

＊高大全,完美無瑕的意思。

如果說 Hello Kitty 是一位精緻的淑女，蛋黃哥就是一個邋遢的廢柴少年，它那一種萌賤的姿態，反而能幫助年輕人排遣焦慮感，切合了他們有點灰心，但又有點野心，在庸常生活中自尋樂趣的情緒，憑借反差感成為新一代的卡通網紅。

4. 善用原型：撥動受眾心理共振

這世上的故事如恒河沙數，但它們幾乎無一例外是從為數不多的「原型」（archetypes）中演繹而出的。瞭解這一點，對寫出能夠引發受眾共鳴的故事文案非常重要。

「原型」理論由瑞典心理學家卡爾·榮格（Carl Gustav Jung）提出：

它是一種記憶蘊藏，一種印跡或記憶痕跡，是某些不斷發生的心理體驗的沉澱。每一個原始意象中都有著人類精神和人類命運的一塊碎片，有在我們祖先的歷史中重複了無數次的快樂和悲哀的一點殘餘。

原型理論也體現在故事寫作層面。舉個最簡單的例子，幾乎所有韓劇的原型都是灰姑娘的故事，同樣的套路反覆不停地打動觀眾，能夠輕易激起 13 歲到 73 歲女性觀眾的情感

共振。

同樣，大衛與歌利亞的故事則是無數「逆襲」故事的原型，牧童大衛用投石彈弓擊中了力量無窮的巨人歌利亞，並割下其首級，這個故事在後世無數以小搏大、以弱勝強的逆襲故事中得到反覆演繹。

具有原型特徵的故事情節一共有 12 種，它們分別是：

探索　蛻變　解謎　對抗

災難　復仇　征服　愛情

犧牲　逃脫　拯救　救贖

稍做分析你就會發現，我們日常看到的電影、電視劇、小說等，無非就是這 12 種原型情節的排列組合。在文案寫作的工作中，也可以有意識地利用這些原型，創作出受眾更感興趣的故事。那些傳播得最廣泛的故事，往往都是帶有最強原型特徵的故事。

> 傳播得最廣泛的故事，往往都是帶有最強原型特徵的故事。

擁有原型的故事，打動受眾的門檻更低，因為它們可以激起受眾心理中原本就存在的情感經驗沉澱。如果在原型的大框架下加入上文提及的反差設定，則更能夠獲得年輕群體的喜愛。

104 希望基金會拍攝的創意短片《不怎麼樣的 25 歲，誰沒有過？》，講述了著名導演李安 25 歲時簡歷被各企業高階主管痛批的故事；李安的簡歷被企業評價為「HR 不會通過」、「第一時間就刷掉了」，誰能想到，這樣一份不受待見的簡歷的主人，卻在多年後兩次獲得奧斯卡金像獎。

短片播出後引起了廣泛的社會討論，其原型就是一個逆襲故事，這樣的故事很容易引發受眾的共鳴。

5. KISS 原則：心智厭倦複雜的資訊

「KISS」原則源於大衛・馬梅（David Mamet）的電影理論，是 Keep it Simple and Stupid 的縮寫。這個理論被廣泛應用於產品設計等領域，同樣也適用於講故事。

心理學研究顯示，人類的心智對資訊的處理是有選擇性的，心智對複雜的資訊天生厭倦並且習慣性擋掉，而喜歡記住簡潔的資訊。

Our repairmen are the loneliest guys in town.
我們的維修員是鎮上最孤獨的人。

　　這是來自美國美泰克電器（Maytag）公司的一句廣告語。雖然只是一個短短的陳述句，但因為包含了足夠的資訊，可以使受眾基於它重構一個故事：

有一群美泰克的維修員，他們經過辛苦的訓練，熱切渴盼著用自己的技術和知識來幫助他人。接下來是悲劇性的轉折：以注重品質為理念的美泰克公司，在培養了一批訓練有素的維修員的同時，生產出的產品也是堅不可摧的。這樣一來，可憐的維修員從來就沒有用武之地。

　　就是這樣一個故事，短，但具有想像空間。不需要用複雜的資訊和情節填滿你的故事，最重要的是讓受眾體驗它，自行補充情節。

不需要用複雜的資訊和情節填滿你的故事，最重要的是讓受眾體驗它，自行補充情節。

大部分教人講故事的建議，都是讓人從外而內地構建故事，例如，「故事線八點法」告訴你，一個故事需要具備「背景、觸發、探索、意外、選擇、高潮、逆轉、解決」八個環節，如果你知道了這些，就能拼湊出一個好故事——這顯然是一種錯覺。

有時候，說太多會減弱故事的感染力。好故事的誕生需要經歷一個「蒸餾」的過程，你需要將複雜的資訊提煉成一個精采的故事，並賦予其吸引力。

6. 感官原則：開啟想像力的闡門

著名作家馬克·吐溫（Mark Twain）曾提出一項寫作準則：「別只是描述老婦人在嘶喊，而是要把這個婦人帶到現場，讓觀眾真真切切地聽到她的尖叫聲。」心理學研究顯示，故事是由人類負責社交和情感的大腦區域——大腦邊緣系統（Limbic system）、杏仁核（amygdala），以及大腦中更加相信感官知覺的部分——編碼而成，而不是依靠大腦中善於記住符號、數字、字母的那部分接收和處理。從這個角度說，數字和語言遠不如記憶和圖像更能給人留下深刻印象。

文案需要懂得調動人們感知世界的五種感官：嗅覺、味覺、聽覺、觸覺、視覺，以此模擬出頗具影響力的體驗。如

果你第一次聽說「有人在拉斯維加斯的一個塞滿冰塊的浴缸裡醒來，發現自己的腎臟被摘」這樣的故事，你幾乎能感到浴缸裡冰塊的寒氣，以及那人起身時冰塊摩擦出的唭嚓聲，似乎能看到那張犯罪者留下的、讓他快給醫院打電話的手寫字條。看到這樣充滿感官細節的故事，人們的前額葉（prefrontal lobe）還來不及懷疑這個故事的可信度，想像力就先行一步讓人產生了切身感受。

> 文案需要懂得調動人們感知世界的五種感官：嗅覺、味覺、聽覺、觸覺、視覺，以此模擬出頗具影響力的體驗。

如果你要描述日本美食壽司的極致口感，你會怎麼寫？「鮮美」、「醇厚」、「肉質綿軟有彈性」？這樣的描繪，可能很難勾起受眾的食慾來。

紀錄片《壽司之神》是這樣描述日本的米其林三星餐廳主廚小野二郎的：

他在做章魚前，會先給章魚按摩 40 分鐘，這樣能讓肉質變得柔軟，富有彈性和溫度，不像大部分章魚料理吃起來像在咀嚼橡膠一般。米飯的溫度和濕潤度、魚肉切片的厚薄、

肉質的脂肪含量都需要進行仔細甄別。為了保護握壽司的雙手，他不工作時永遠戴著手套，就連睡覺時也不摘下來。他的店只坐得下十個人，店內沒有洗手間，客人即使預約成功也可能要等待數月，店內只提供壽司，人均消費 30000 日圓起，而且客人需要在 30 分鐘內吃完 20 個壽司。

這樣的文案，沒有抽象、誇張的描述，但卻能讓受眾感受到小野二郎壽司的極致口感。文案透過壽司製作過程的考究、壽司製作者的嚴苛追求和食客們的追捧，烘托出壽司的完美口感。「給章魚按摩 40 分鐘」這樣充滿畫面感，甚至有點獵奇的描述，讓受眾甚至能感受到雙手接觸到章魚時的觸感，聯想到富有彈性的壽司的口感，充滿感官細節，讓文案更打動人。

我　　的　　心　　得　　筆　　記

Chapter 4

感染力

佛洛伊德的祕密

文案如何戳中受眾的三重人格（本我、自我、超我）？
想要寫出 10 萬＋爆款文案，你首先要讓受眾忍不住轉發。

世界上或許沒有比廣告行銷更喜新厭舊的行業了。同樣的創意和玩法，重複十遍尚且能叫偷懶，若是重複 20 遍，就只能被罵作庸俗，並被同行嗤之以鼻了。

可靈感和新意的蝴蝶，不會輕易落入我們的網中，即使我們已經疏通感官，豎起捕蝶網時刻等候。在跟風和模仿的亂流中，文案工作者更需要用心洞察受眾的心理，那裡有一些新鮮的欲望和喜好正在悄然生長，並且能夠發展為幫助我們實現成功行銷的強大推力。

洞察受眾心理這件事，很容易淪為「想當然」和「玄學」。提起洞察，好像誰都能侃侃而談、說上幾句，但結果卻是，有的文案可以輕易戳中受眾，讓人產生轉發或一鍵下單的欲望，但更多的文案讀上去卻不痛不癢，在受眾心中激不起半點波瀾。

想要準確地洞察受眾心理，心理學知識能在一定程度上幫助我們，找準正確的方向。

> 想要準確地洞察受眾心理，心理學知識能在一定程度上幫助我們，找準正確的方向。

佛洛伊德（Sigmund Freud）是奧地利心理學家、精神

分析學家和精神分析學派創始人，著有《夢的解析》（*The Interpretation of Dreams*）、《精神分析概要》（*An Outline of Psycho-Analysis*）、《圖騰與禁忌》（*Totem and Taboo*）等。他提出過許多概念，譬如「潛意識」（subconsciousness）、「自我」（ego）、「本我」（id）、「超我」（superego）、「戀母情節」（Oedipus complex）、「原慾」（Libido）、「心理防衛機制」（Defense Mechanism）等，對心理學乃至美學、社會學、文學、流行文化等都產生了深刻的影響。

文案工作者分析、洞察受眾心理時，需要自己構建一套框架、方法和技巧，並且逐漸豐富、完善它。在這裡介紹佛洛伊德的一些心理學理論，或許能為你帶來一些啟發和靈感。

1. 受眾「三重人格面具」逐個擊破

佛洛伊德認為人格分為三部分：本我、自我和超我。

我們可以理解為，每個人的身體裡都住著三個小人兒：本我小人兒、自我小人兒和超我小人兒。來自外界的不同性質的刺激會引起它們不同的反應。

簡單來說，本我就是人的欲望、本能，它遵循快樂原則，例如嬰兒餓了就哭鬧著要喝奶。自我則更多地偏向理性、邏輯，它遵循現實原則，例如成年人餓了會花錢買食物吃。而

超我指的是理想、良知，它遵循道德原則，例如戰士把最後半壺水讓給受傷的戰友喝。

本我、自我和超我的存在，要求文案工作者在每一次動筆寫字之前，都必須弄清楚我們這次打算馴服目標人群身體裡的哪個小人兒，並且弄清楚它們的特點和軟肋。

誘惑受眾的本我

關於本我，維基百科的解釋是，在無意識形態下，人類思緒的原始程序，也就是那些最為原始的、滿足本能衝動的欲望，比如食欲、性慾等。

那些簡單直接的感官享受最能刺激本我，例如高熱量的食品、菸、酒、電子遊戲、性、說走就走的旅行、說清空就清空的購物車，乃至零碎式閱讀，都遵循本我的需求。本我的原則是追求快樂，要求即時滿足（instant gratification）。

佛洛伊德認為：「本我沒有組織，也沒有產生共同的意志，思維的邏輯法在本我那裡是不適用的。」也就是說，當我們要推廣一款主要服務於用戶本我的產品時，講道理、講邏輯的效果會比較微弱，文案需要減少分析與說服的比例，直接去展示、去誘惑、去巧舌如簧地描述體驗。有兩個技巧可以幫助我們打動用戶的本我。

要推廣一款主要服務於用戶本我的產品時，文案需要減少分析與說服的比例，直接去展示、去誘惑、去巧舌如簧地描述體驗。

第一個技巧是，形象化展示。

抽象的情緒很難打動本我小人兒，但形象的文字卻能將它吸引、打動。比如講述中國燒烤文化的紀錄片《人生一串》中，許多段解說詞生動形象、充滿煙火氣息，讓人不禁垂涎：

啃羊蹄的時候，你最好放棄矜持，變成一個被饑餓沖昏頭腦的純粹的人。皮的滋味，筋的彈性，烤的焦香，滷的回甜，會讓你忘記整個世界，眼裡只有一條連骨的大筋，旋轉、跳躍，逼著你一口撕扯下來，狠狠咀嚼，再灌下整杯冰啤，直到只剩下一根光溜溜的骨頭，才能最終心靜如水。

這樣的文案，能充分地撩動起受眾的感官，讓受眾的本我彷彿體驗到了燒烤羊蹄的焦脆和筋道*，「撕扯」、「咀

~~~~~~~~

＊筋道，有韌性、有嚼勁的意思。

嚼」、「灌下」，一連串一氣呵成的大幅度動作，讓受眾彷彿目睹了燒烤攤前食客們大快朵頤的情景。這樣形象化的文案，足以放大燒烤這種高熱量、令人快樂的食物對受眾本我的吸引。

電商平台網易嚴選在給球形爆米花這種零食撰寫內容介紹頁文案時，是這樣寫的：

爆米花之美，不僅在於香甜，還在於酥脆。
甫開包裝，一股甜醇之氣香盈鼻口。
一顆入唇，甜滑之味迫不及待地攻略舌尖。
貝齒一咬，甜脆之酥感在齒尖舌畔爆開，好吃又過癮。

這段文案，強調了酥脆這種感官體驗，使用「在齒尖舌畔爆開」這樣形象的描述，讓人好像已經聽到了咀嚼爆米花時透過骨傳導（bone conduction）而來的哢嚓聲，酥脆的口感一下子就體現出來了，受眾的本我小人兒也已經蠢蠢欲動。

第二個技巧是，製造對立衝突。

為了打動「頭腦簡單」的本我小人兒，文案還可以反其道而行，用一些本我小人兒厭惡的因素，讓它獲得理直氣壯的放縱理由。如果你想說服受眾放下「眼前的苟且」，來一場說走就走的旅行，你會怎麼寫？下面這則讓無數人心動的

文案就利用了「製造對立衝突」這個技巧：

你寫 PPT 時，阿拉斯加的鱈魚正躍出水面；
你看報表時，梅里雪山的金絲猴剛好爬上樹梢；
你擠進地鐵時，西藏的山鷹一直盤旋雲端；
你在會議中吵架時，
尼泊爾的背包客一起端起酒杯坐在火堆旁。
有一些穿高跟鞋走不到的路，有一些噴著香水聞不到的空氣，有一些在辦公室裡永遠遇不見的人。

　　PPT、報表、擁擠的地鐵、冗長的會議、惹人生氣的同事、壓抑的辦公室，這難道不是好逸惡勞、貪圖享樂的本我小人兒最討厭的東西嗎？平時在理性的自我小人兒的管束下，本我小人兒已經壓抑得夠久夠累了，只須給它繪聲繪色地描述「阿拉斯加的鱈魚正躍出水面」、「尼泊爾的背包客一起端起酒杯坐在火堆旁」，就能讓它迸發出原始之力，指揮受眾乖乖打開錢包。

說服受眾的自我
　　健身軟體、理財商品、書店、教育培訓機構等，顯然提不起「過把癮就死」的本我小人兒的興致，而只有透過影響

具有思考和判斷能力，按照現實原則和邏輯、常識來行事的自我小人兒，才可能得到期待的效果。

　　維基百科對自我的釋義是，人類對於其自身個體存在、人格特質、社會形象，所產生的一種認知。與本我不同的是，自我的原則是遵循現實，按照邏輯、常識來行事。因此，想要說服受眾心裡的自我小人兒，文案就必須有足夠強大的邏輯、足夠多的論據。更重要的是，要足夠現實，要告訴功利的自我小人兒「如果按我說的做了，你會得到什麼」。

> 想要說服受眾心裡的「自我」，文案就必須有足夠強大的邏輯、足夠多的論據。更重要的是，要足夠現實。

　　健身應用軟體 Keep 的一支廣告短片就運用了這項法則，伴隨著「哪有什麼天生如此，只是我們天天堅持」的主題，短片向受眾展示了一群「超人」：快到讓時間「變慢」的跑步者、輕鬆對抗地心引力的籃球運動員、身體柔韌如貓的瑜伽師、從不失手的攀岩者……影片從始至終都在向受眾的自我小人兒展示「堅持鍛鍊身體」的美好結果，告訴它如果健身成功，你就會像短片中這些人一樣「拉風」。

　　在向自我小人兒說明了結果之後，再反過來解釋原因：

取得這些成果，不是好吃懶做就行的，你得付出汗水，你得天天堅持。因果清晰，邏輯合理，才足以說服受眾的自我小人兒。

值得注意的是，自我小人兒往往十分功利，它關注一定時間內的回報，而非當下的體驗。就像各類理財商品會告訴目標用戶，買了我的產品，你將在一定時間內獲得一定的收益，而且它是安全的。當然，獲得回報的週期愈短，吸引力就愈大，所以理財商品通常會透過贈送理財紅包等方式，讓用戶的自我小人兒覺得這筆交易更值得，自己短時間內能獲利更多。

滿足受眾的超我

各類呼籲保護瀕危動物、反對虐待婦女兒童等的公益廣告，就是在默默打動著受眾的超我小人兒，勸說人們按照道德原則行事，讓人感受到良心、社會準則和理想，獲得某種自我滿足的愉悅。

維基百科對超我的解釋是，超我是人格結構中的管制者，由道德原則支配，屬於人格結構中的道德部分。超我傾向於站在本我的原始渴望的對立面，而對自我帶有侵略性，它以道德心的形式運作，維持個體的道德感，迴避禁忌。

超我按照道德原則行事，代表社會取向和自我理想。在商業環境中，也不乏利用受眾的超我小人兒的特點進行行銷的案例，譬如珠寶、別墅、名貴手錶、高檔汽車等產品就在努力地營造出身分感和階級感，以期打動受眾。

> 「超我」按照道德原則行事，代表社會取向和自我理想。珠寶、別墅、名貴手錶、高檔汽車等產品，就是利用受眾的超我的特點進行行銷的案例。

比如萬科蘭喬聖菲別墅的系列文案：

踩慣了紅地毯，會夢見石板路。

沒有 CEO，只有鄰居。

一生領導潮流，難得隨波逐流。

文案中隻字不談「華庭」、「御居」、「豪宅」，只談質樸的石板路、名士鄰人……只有到達一定高度，才敢如此低調。文案和畫面的背後，似乎能看到一個閱盡名利繁華，

用心領悟淡泊滋味的真名士形象。這樣的文案，往往能讓受眾的超我部分得到滿足。

除了奢侈品，一些同質化較為嚴重的中低階產品也試圖透過滿足受眾的超我，來達到增加產品差異度和知名度的目的。比如，小米手機最初的定位是「為發燒而生」，就是給予手機「發燒友」*群體身分認同，讓購買者在購買手機的同時買到發燒友的身分，它象徵著更懂硬體和前衛的觀念。為販賣情懷而生的錘子手機*的行銷也有異曲同工之妙。

2. 受眾的五種心理需求

在新媒體時代，受眾的地位大大提升，能夠得到受眾喜愛、認可、主動傳播的文案，才是好文案。想要寫出這樣的文案，除了佛洛伊德的理論，我們還需要瞭解受眾到底有哪些心理需求；只有洞察了受眾的心理動機，才能瞭解什麼樣的文案更容易打動他們，透過滿足他們的心理需求來實現銷

﹡發燒友是 fancier 的音譯，泛指對某些事物特別狂熱喜愛的人。
﹡錘子手機是錘子科技（Smartisan）開發的智慧型手機。

售目標或傳播目標。

> 只有洞察了受眾的心理動機，才能瞭解什麼樣的文案更容易打動他們，透過滿足他們的心理需求來實現銷售目標或傳播目標。

　　傳播學者認為，大眾的心理需求逃不出五種類型：認知的需求、情感發洩的需求、個人整合的需求、社會整合的需求、炫耀的需求。

認知的需求

　　認知的需求，是指每一個人都有尋求認同、理解和歸屬感的需求。比如在各大社交網站上，無論是 LINE 朋友群組、Facebook 還是 Instagram 上，我們都能看到「按讚」的按鈕，這是為什麼？為什麼很少有「倒讚」或「不喜歡」按鈕呢？因為軟體開發者非常懂得用戶的心理，他們知道，用戶有尋找認同、理解和歸屬感的需求，所以用「按讚」去給他們認同，從而刺激他們在平台上不斷地生產、分享內容。

　　比如有一天，你在朋友群組發布了一張自拍，一分鐘後發現有 50 個好友為你點讚，那麼你的認知的需求就得到了極大滿足，而這種滿足感會促使你不斷地在平台上分享內容；

相反地，如果有一天你發布了一張自拍，一分鐘後發現有 50 個好友「不喜歡」你這張照片，而且已經有 20 個好友把你封鎖，那你可能再也不想在朋友群組發自拍了。如果我們的文案能滿足受眾認知的需求，那麼它們得到受眾的認同和傳播的機率也就更大。

情感發洩的需求

除了認知的需求，情感發洩的需求也是促使受眾轉發內容的一個重要心理動機。雖然人們視理性為一種可貴的素質，但人類絕對是情緒化的動物。如果仔細觀察過近幾年那些成功「洗版」*的文章和活動，就會發現它們在某種程度上，都為人們的壓力提供了一個疏導口。

比如微信公眾號「視覺志」那篇閱讀量高達 800 萬人次的《凌晨 3 點不回家：成年人的世界是你想不到的心酸》一文，就描寫了許多個加班到深夜的故事片段，深夜趕稿時電腦突然藍屏當機的實習生、三歲孩子高燒卻必須在醫院待命的急診科護理長、無暇陪伴男友的廣告公司客戶經理……他們的

---

*洗版是網路用語，原本指重複貼文灌水的意思，後引申為熱烈討論之意。

故事很容易打動那些同樣為生活拚盡全力的人們，那些經歷過疲憊、失望甚至崩潰但最終擦乾眼淚的人們。這樣的內容對他們而言無疑是一劑幫助壓力釋放的安慰劑，能起到舒緩情緒的作用。

個人整合的需求

　　個人整合的需求，是指人們都有提高自身認知度、可信度和身分地位的需求。比如在社交網路上歷久不衰的新年籤、5 月籤、6 月籤等各類「籤」＊，許多女孩愛轉發的星座運勢分析，這類文案內容都可以滿足受眾個人整合的需求，受眾透過它們去表達自己的特長和願望。又比如中文詞彙量測驗、英文詞彙量測驗、粵語測驗等各種測試，受眾可以借這類內容展現自己的淵博，也能滿足受眾個人整合的需求。再比如《2018 年互聯網趨勢報告》等各式各樣的行業報告，如果在標題上加上「最全、乾貨＊、深度」這類文字，很多人也許根本不用看全文就會轉發了。

＊泛指申請到可在英、美、日等國停留時間較長的簽證，於是拍照上網炫耀的一種行為。

＊乾貨，意思是不灌水的真材實料，泛指值得吸收的新知或值得閱讀的優質文章。

以上提到的三種內容，都是典型的滿足受眾個人整合的需求的內容。人們透過分享這類內容，向周圍的人展示自己的知識、專業能力、見識等，以此來提升自己的個人價值。

社會整合的需求

人們的第四種心理需求是社會整合的需求，簡單來說，就是社交需求。用戶透過分享資訊，和家人、朋友、同事進行交流。類似星座、美食、情感類文章，以及段子、搞笑的內容常常被用來滿足這個需求。

炫耀的需求

最後一個很常見的心理需求是炫耀的需求。用戶會透過分享內容來找尋優越感，比如網易雲音樂*的「你的個人使用說明書」，就透過一系列有趣的文案，給用戶添加形象描述，滿足用戶展示自己與眾不同的性格、品位的需求。

＊網易雲端服務推出的音樂平台。

3. 製造情緒顯微鏡

　　如今，在女生宿舍樓下擺放心形蠟燭的求愛行為，已經顯得有些過時，或許還比不上諸如「被你讚過的朋友圈，叫甜甜圈」、「你喜歡喝水嗎？如果是，那你已經喜歡上 70% 的我了」這樣的「土味情話」更能撩動人心。

　　「撩」這個自帶曖昧氣息的動詞，其實折射出當今大眾心理的一個側面：愈來愈多微小、細碎的情緒需要得到滿足。

　　社交媒體所構築的虛擬空間，使得人們對情緒的關注愈來愈細膩，就像你很少面對面向一個朋友抱怨昨天吃的外送有多糟糕，但很可能在收到外送後發一條群組訊息發洩不滿。社交媒體的存在，讓許多生活和情緒的細節被放大了，大眾不再為宏大的情緒所傾倒，卻容易被一條及時回覆的 LINE 訊息所打動。

　　「撩」文化的盛行，要求我們在觀察受眾時，裝上一個「情緒顯微鏡」，從人們微小的舉動中發現背後的情緒，並用有趣的方式進行表達。

　　2016 年年底，瑞典音樂平台 Spotify 就大膽地撩了一把自己的用戶。在美國、英國、丹麥等地街頭的巨幅廣告牌上，人們可以看到這樣的文案：

在情人節播放了 42 遍《對不起》的用戶，你到底做了什麼？

致 1235 位喜歡了「閨密之夜」歌單的兄弟們：我們愛你。

致 NoLita 的那位從 6 月就開始聽聖誕歌曲的朋友──你真的是 jingle all the way 對吧？

3749 個在英國脫歐日播放《我們知道今天是世界末日》的用戶，挺住啊。

　　在 Spotify 的這場行銷中，是否也能看到 2017 年年末網易雲音樂「私人歌單」的影子？不過 Spotify 多了一些詼諧，而網易雲音樂則更多是渲染懷舊感傷的氛圍。它們的共同點也非常明顯，那就是都展現了對用戶細微行為和情緒的關注，並且透過大數據讓內容在「撩撥」用戶的同時顯得一本正經。

4. 人人身上都有多巴胺按鈕

　　為什麼收納、整理會讓人心情愉悅？
　　為什麼運動後通常神清氣爽？

　　　　　　　　　　　　　　　　好文案，都有強烈的畫面感

為什麼熱戀中的人多半容光煥發？

因為這些行為刺激了多巴胺（dopamine）的分泌。多巴胺是一種神經傳導物質，它會傳遞開心、興奮的訊息。在訊息傳播的層面，多巴胺可以有效提升某項訊息在人們頭腦中的關注度並引起積極反饋，如果行銷內容具有促進多巴胺分泌的作用，那它獲得受眾關注度和好感度的概率就會提升。

獲得 2018 年奧斯卡最佳動畫短片獎提名的《爸爸的打包術》（*Negative Space*），就展示了兒子從父親那裡學到的整理行李的技巧，這個行為是父子感情的一個紐帶。短片最讓人印象深刻的，就是一大堆襯衫、褲子、襪子被迅速疊整齊並塞入行李箱中，嚴絲合縫，不浪費一絲空間。

強迫症患者看到這樣的畫面多半大呼過癮，普通人看了也有種滿足感油然而生，因為這樣的畫面會刺激多巴胺的分泌。

那麼，哪些行為會刺激人們多巴胺的分泌呢？心理學認為，下頁圖中涵蓋的行為能夠刺激人們多巴胺的分泌，刺激的程度與圖表顏色深淺成正比。

從那些紅極一時的遊戲產品中，也能發現這個規律。手機遊戲《旅行青蛙》中，小青蛙不斷給你寄回來的明信片，其實滿足了你收納收藏的欲望；《戀與製作人》則讓女性用戶盡情享受了異性關注（即使這種關注是虛擬的）；風靡一

導致多巴胺分泌的行為			
隨機獎勵	認知閉合	目標達成	自我期望整合
他人肯定	他人善意	競爭獲勝	思想複製
高熱量、高糖分	收納收藏	有氧運動	領地占有
異性關注	同性臣服	性	後代延續

時的直播競答則讓用戶獲得競爭獲勝、目標達成、隨機獎勵的快感。這些爆款產品和活動的共同點是能增加用戶多巴胺的分泌，而多巴胺的分泌則可能導致依賴和上癮的行為。

5. 被少女心統治的世界

抬頭環顧四周，我們會發現自己身處一個到處蕩漾著少女心的世界：

全球各地馬卡龍色系的網紅餐廳，讓人彷彿置身少女心的海洋；

倫敦時尚趨勢預測機構 WGSN 稱，粉色日益受到歡迎，並在 2016 年達到了受歡迎程度的顛峰；

各類「二頭身」*、自帶腮紅的萌物（例如熊本熊、皮卡丘等），舉手投足皆萌翻眾人；

《戀與製作人》受市場追捧，證明了「乙女向」（「乙女」概念源自日本，即年齡在 14 ～ 18 歲之間的少女）遊戲的光明前途；

社群網站上鋪天蓋地的小貓圖片，一向是各大內容平台獲取流量的中堅力量……

以上這些流行事物的共同點是什麼？答案是，相比於男性審美，它們更符合女性審美。

過去人們推崇陽剛的美學特質，比如古希臘英雄的身上總是肌肉發達，掛著汗液與血液；日本男星高倉健豎著領口面無表情沉默抽菸的樣子，代表了一個時代的理想男性形象。

但如今，情況發生了變化，容易受到女性喜愛的事物，

---

*二頭身，指人物頭部和身體的長度大致上相同，有一顆大頭和胖嘟嘟的身軀，多屬於 Q 版角色。

顯然更容易流行。在深受儒家文化審美偏好影響的東亞文化圈中尤甚。日本著名女性雜誌《an·an》就曾形容木村拓哉「像處女一樣清純，像維納斯一樣溫柔」，用詞就像在讚美一個少女。

在中國社交網站上走紅的日本歌曲《不想從被窩裡出來》的四分鐘的影片只講一件事：一隻二頭身、長著腮紅的企鵝起床前的內心戲。軟萌的水彩設計風格，加上「被窩好柔軟」、「暖爐超棒的」的「撒嬌體」文案，戳中了許多人柔軟的內心，讓受眾產生「這就是我」的共鳴。

亢奮的雄激素喜歡征服、成功、勝利、占有，而少女心則天然地對柔軟、可愛、特異的事物傾注更多的精力。彌漫著鐵血氣息的對抗讓位給與世無爭的「佛系」＊。下一次，當你開發出一款產品或寫好一個行銷方案時，不妨先問問身邊的女性，看她們是否感興趣。

＊佛系，比喻一切隨緣的一種生活態度。

6. 被釋放的表達欲

網路空間（cyberspace）的日益發達，解放了一大批患有社交恐懼症和自稱患有社交恐懼症的靈魂。發布訊息的低門檻和高激勵（按讚、分享等產品機制），讓人們愈來愈樂於表達自己，隨手發布觀點或分享生活點滴，即使他們在生活中依然是羞怯、保守的人。

數字媒體公司 Sweety High's 曾經針對 600 名 Z 世代年輕人（指 1996 ～ 2010 年間出生的一代，是受互聯網影響很大的一代人）進行了一次「收送節日禮物習慣及影響因素」的調查，發現 58% 的人希望收到的禮物可以在社交媒體上得到按讚和分享，在 13 ～ 16 歲的受訪者中，52% 的人表示希望收到自己願望清單上列出的禮物，而非得到驚喜。

禮物，要晒得出的才是最好的，收到禮物時的驚喜變得不那麼重要了。虛擬空間中的個人形象經營開始受到重視，拍照打卡快要成為一種儀式了，「人人都是演員」的時代正在降臨。

2018 年春節前，「2018 汪年全家福」在微信朋友圈洗版，用戶透過簡單的拖拽和組合，就可以完成自己的專屬卡通版全家福，看似是在進行創作，其實滿足了用戶在社交網路上表達自己的需求：有貓晒貓，有娃晒娃，有男朋友晒男

朋友——一定程度上向大家展示了自己的家庭結構和生活狀態，而且是以一種卡通化的、不那麼令人反感的方式進行的。

互聯網的微血管已滲透到全球一半的人口中，大眾注意力的聚散起伏必將更加凶猛。注意力轉移的頻率飛速加快，如果不想被甩在後面，就必須走在前面；比起簡單粗暴的爆款分析，弄清楚萬變不離其宗的大眾心理才是最佳捷徑。

我　的　心　得　筆　記

我 的 心 得 筆 記

Chapter 5

溝通力

製造記憶讀取碼

如何才能製造記憶讀取碼讓心智顯著性得到提升呢？
有三個要點：一是資訊足夠簡潔，
二是資訊盡量形象化（這兩者的目的都是降低記憶和提取的成本），
三是重複（目的是製造記憶錨點）。

在大多數人的認知裡，文案工作門檻較低，理論上，只要懂得中文的人都有成為一名文案工作者的可能。然而想要成為一名優秀的文案工作者，門檻卻並不低，它要求從業者不僅具有洞悉市場的理性頭腦，也要有洞察人性的感性心腸，而且還得有足夠的功力和技巧，將這些認知以文字的方式與受眾進行有效的溝通。

因此，「會溝通」這件事就變得至關重要，它直接關係著資訊傳遞的效果和體驗。文案必須把話說得有理並且說得漂亮，才能潛入受眾心智，說服受眾產生購買行為。

> 文案必須把話說得有理並且說得漂亮，才能潛入受眾心智，說服受眾產生購買行為。

溝通有多重要，就有多難，做到「說人話」頂多只能達到及格線。不信我們可以用下面這個例子測試一下自己。

當女朋友問你「你覺得我閨蜜這人怎麼樣呀」時，你該如何回答，才能把這道「送命題」變成送分題？

A 答案
滿漂亮的。

B 答案

不怎麼樣，比妳差遠了。

C 答案

我沒怎麼注意她。

D 答案

看得出來她對妳挺真誠的，妳應該珍惜這樣的朋友。

　　A 答案一看就是完全不懂女性心理，竟敢在自己女朋友面前誇讚身邊的女性？「注孤生」*沒懸念了。選擇這樣回答的人恐怕也成不了一名優秀的文案工作者。

　　B 答案乍一看似乎已經有了「溜鬚拍馬」的意識，但實則隱含著這樣的資訊：你已經在關注閨蜜，而且暗自拿她和女朋友進行了比較。女朋友知道了能開心嗎？

　　C 答案倒是有種一心想要堵住話茬的決絕，可惜聽上去虛假而敷衍，想必「狡詐」的女朋友也不會相信。

　　D 答案的高明之處在於，它完全換了一種思路，避開女

---

*「注孤生」是網路用語，指注定單身一輩子。

朋友挖的坑，完全站在女孩角度去理性作答，讓女朋友產生一種備受呵護和關懷的感覺。這樣的溝通方式才算得上標準答案。

和揣摩女孩的心理異曲同工，文案工作者也需要不停地揣摩受眾的心理和需求，在撰寫文案的過程中，需要用到一些技巧幫助我們更好地洞察人心、梳理思路和精練表達，下面的四個法則或許可以助我們寫出溝通力更強的文案。

1.SCQA 結構：高效溝通的萬能框架

SCQA 結構是麥肯錫公司（McKinsey & Company）提出的一種邏輯思維方法，它包含情境（situation）、衝突（complication）、問題（question）、答案（answer）四部分，如下頁圖片所示。

SCQA 結構的優勢在於，它一直在引導你站在受眾的角度考慮問題，而非自說自話。在文案寫作中，也可以利用這個結構提升受眾的興趣與接收意願。

在許多經典的文案中，可以看出清晰的 SCQA 結構；在不同類型的文案中，則會分到側重 SCQA 結構中的某一個部分。比如非剛需實用型產品，文案會把更多的精力放在對情境和衝突的描述上，以充分挑動起受眾的共鳴和情緒。而實

用型產品的文案可能更加注重闡述答案部分，提出詳細的解決方案，用理性說服受眾。

在印度文案大師弗雷迪‧伯迪（Freddy Birdy）撰寫的一組主題為「如果沒有人陪伴，連茶的味道都會不一樣」的文案中，就將情境、衝突和問題融在一句較短的文案中，達到引起大眾共鳴、從而關注老人的目的：

倘若你想醒來時躺在另一個人的懷裡，
而不是空蕩蕩的床上，怎麼辦？

倘若你在等待門鈴響起，

卻沒有一個人來，怎麼辦？

倘若你穿上一件新的紗麗，

但只有你的鏡子注意到了，怎麼辦？

倘若你做了一道剛學來的菜，

但餐桌旁總是只有你一人，怎麼辦？

倘若日子就這樣無情地流逝，

而世界還在飛速運轉，怎麼辦？

倘若你有一生的故事要講，

卻沒有人來聽，怎麼辦？

若這一切突然之間發生在你身上，怎麼辦？

你只要花一點兒時間陪老人就夠了。

在另一組主題為「如果眼淚是自己的手擦乾的，那它就白流了」的文案中，SCQA 結構則更加明顯和清晰：

你可以坐在辦公室裝有椅套和軟墊的椅子上，

抽出你的支票本，

撐開筆尖，

用黃金做的萬寶龍鋼筆，

給你最喜歡的慈善機構捐獻一筆巨款。

內心感覺很舒服，

但是，老人不需要你的錢。

你能捐獻一點點時間嗎？

你只要花一點兒時間陪陪老人就夠了。

　　而在小米平衡車的一段文案中，在描述更強的路面適應性這個特性時，用到的則是側重描述答案部分的 SCQA 結構：

出發的樂趣，不僅是對平坦大道的嚮往，更是對崎嶇小路的挑戰。讓平衡車坡路行駛，或平穩通過小障礙並不容易，單純靠高性能電動機難以保證平衡性與安全。為此，工程師精心設計「動態動力演算法」，它可以自動識別小障礙或坡路，根據當前路況動態調整瞬時功率。

當遇到小障礙時，電動機會臨時增加功率，並增強整車穩定性，讓你可以舒適通過。9cm 的高底盤在平衡車中為超高標準，輔以精心設計的「吸震腳墊」可以顯著降低顛簸震動。更強的路面適應性，讓我們可以隨心所欲，來一場說走就走的小探險。

2. 蜥蜴腦法則：改變行為比改變態度容易

芝加哥大學社會學博士詹姆斯・克里明斯（James Crimmins）曾在《蜥蜴腦法則》（*7 Secrets of Persuasion*）一書中提出一個觀點：如果你想說服一個人，就不要和他的大腦皮質（cerebral cortex）對話，而是要和他的「蜥蜴腦」（lizard brain，或譯「爬蟲腦」）對話。他認為人的大腦有三層結構，分別承擔不同的功能，大腦皮層掌管理性，中間哺乳動物腦掌管情緒，最內層就是蜥蜴腦，掌管人的行為。

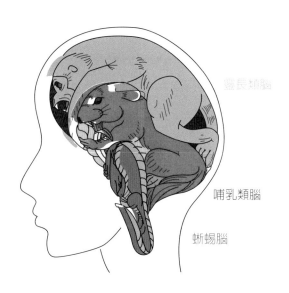

靈長類腦

哺乳類腦

蜥蜴腦

大腦的三層結構	蜥蜴腦	哺乳類腦	靈長類腦
部位	腦幹與小腦	邊緣系統	大腦皮質
功能	本能、生存	情緒記憶、表達與調解	思考、認知、推理等

　　為什麼與蜥蜴腦溝通最重要呢？詹姆斯‧克里明斯的核心觀點是：改變行為比改變態度更容易。比如情場新手在交往初期，會著急得到女方明確的表態，而情場高手則會跳過這個步驟，直接引導行為，例如帶她去喜歡的餐廳，送她鮮花，包攬換燈泡、修電腦等各種活計……用戀人間的親密行為引導女方默認戀愛關係達成的事實。

　　又好比你愛吃肯德基，但離你家最近的肯德基有五公里，而樓下正好就有一家麥當勞，因為便利，你會經常購買麥當勞。雖然你喜歡肯德基的態度不會因此改變，但你的行為已經發生變化。

　　對於文案工作者而言，蜥蜴腦法則能提供的啟發是，不用費勁去改變受眾的態度，即便那樣做能成功，也注定是一個艱難漫長的過程；文案工作者要做的就是提供給受眾一個看上去更輕鬆的解決方案，並提供利益促使他們去嘗試，從而產生行為上的改變。

> 不用費勁去改變受眾的態度，文案工作者要做的就是提供一個看上去更輕鬆的解決方案，並提供利益促使受眾去嘗試，從而產生行為上的改變。

威廉·伯恩巴克在為金龜車撰寫的文案中，就以 Think Small（想想還是小的好）為主題，不去試圖改變人們喜歡寬敞的豪華車的態度（這幾乎不可能實現），而是竭盡所能去描繪小的好處：

我們的小車不再是個新奇事物了。不會再有一大群人試圖擠進裡面，不會再有加油站工作人員問汽油往哪兒加，不會再有人覺得它形狀古怪了。

事實上，很多駕駛我們的「廉價小汽車」的人已經認識到它的許多優點並非笑話，比如一加侖汽油可跑 32 英里，用不著防凍裝置，一副輪胎可跑 4 萬英里。

也許一旦你習慣了金龜車的節省，就不再認為小是缺點了，尤其當你停車找不到大的停車位，或為很多保險費、修理費而發愁，又或為換不到一輛稱心的車而煩惱時，請考慮一下金龜車吧。

3. 溝通升級：從線性模式到交流模式

許多人所謂的溝通其實是線性的。線性模式的交流單純地將溝通理解為資訊傳送者對資訊接收者的傳遞行為，而忽視了可能產生「外在噪聲」的因素。比如溝通的過程中到底有幾個傳送者與接收者？溝通是否會受到文化、情境或人際關係背景的影響？資訊傳送者和接收者的資訊儲備、語言體系、認知狀態是否處於同一水準？

這些「噪聲」的干擾，往往會導致溝通效果大打折扣。交流型的溝通模式則對線性模式進行了擴充和升級，它認為傳送和接收資訊並不是分割的，很多情況下，我們在傳送資訊的同時也在接收資訊，而且溝通同時具有內容和關係兩個面向。

溝通的內容面向是指那些客觀資訊的交流，比如行車的路線、窗外的天氣狀況等。但除了這些明確的內容，人們的日常溝通還有關係面向，也就是你在描述一個事實的同時，也在表達你對對方的感受。

因此，在撰寫文案的時候，除了確保資訊的精準度，還需要充分瞭解受眾的背景，並提前設定好你和受眾的關係：是親是疏，是嚴肅是俏皮，是並肩「吐槽」還是上帝視角，都得根據產品和使用者的屬性來進行設定。

在網易新聞推出的 2017 年年度態度海報的文案中，就採用了一種與年輕人朋友般親密的溝通方式，好像幾個老友坐在天臺，喝著碳酸飲料，吹著涼風娓娓「吐槽」一般，把生活中的「喪氣」一吐而出：

不然以後直接
把工資打給房東吧
不用費心
讓我轉交了

餓了
沒人問
「餓了嗎」

仔細照照鏡子
你正在以
肉眼可見的速度
平庸下去

而許舜英為中興百貨撰寫的文案中，則使用了某種咄咄逼人、頗具距離感的語氣，好像站在遠處道出真理，營造出

百貨商店的調性：

到服裝店培養氣質，到書店展示服裝。
但不論如何你都該想想，
有了胸部之後，你還需要什麼？腦袋。
有了愛情之後，你還需什麼？腦袋。
有了錢之後，你還需要什麼？腦袋。
有了 Armani 之後，你還需要什麼？腦袋。
有了知識之後，你還需要什麼？知識。

4. 心智顯著性法則：製造記憶讀取碼

　　心智顯著性（mental availability）是拜倫・夏普（Byron Sharp）在《品牌如何成長》（*How Brands Grow*）一書中提出的概念，指的是廣告資訊在心智中被主動記起的能力。也就是說，只有當廣告資訊具有顯著性時，被記起的機率才會更大；簡單地說，就是容易被想起來的東西總是更能討巧。

　　如何才能製造記憶讀取碼，讓心智顯著性得到提升呢？有三個要點：一是資訊足夠簡潔，二是資訊盡量形象化（這兩者的目的都是降低記憶和讀取的成本），三是重複（目的是製造記憶錨點）。

簡潔很容易理解，能用五個字清楚表達的資訊，就不要用十個字；能分類歸納的資訊，就不要散亂無章。文案工作者必須用自己的勤奮去成全受眾的懶惰，這是一種能量守恆。

> 能用五個字清楚表達的資訊，就不要用十個字；能分類歸納的資訊，就不要散亂無章。

盡量讓資訊形象化也是同樣的道理。過於抽象的資訊就像「正確的廢話」，而形象化的資訊卻更容易引起受眾注意，並容易在記憶中存留。比如某社群媒體在撰寫一篇關於啤酒的文章時，標題是這樣寫的：「為什麼啤酒瓶蓋上的鋸齒總是 21 個？」這樣充滿具體細節的標題顯然比「一些關於啤酒的冷知識」更容易吸引受眾注意，而且受眾以後在看到啤酒瓶蓋時很容易會想起這篇文章。

重複，不僅指增加資訊曝光的頻率，也是指在同樣篇幅的文案中，需要盡可能重複想要傳遞給受眾的最核心訊息。重複並不是指同樣文字的重複出現，而是指同樣資訊的重複出現，至於它在文案中的表達方式則是可以進行調整的。

比如「小紅書」（網路購物與社交平台）一組印在包裝盒上的文案是這樣寫的，「今天的心情三分天注定，七分靠

shopping」、「出來混，包遲早是要換的」、「最短的恐怖故事？售罄」……不同的段子其實都可以翻譯成同一個核心資訊：買買買，趕快！

　　一名文案工作者要越過多少山丘，才能達到胸中有丘壑、口中吐蓮花的境界？即便是「會溝通」這個基本的素養，也需要經過不斷打磨。SCQA 結構、蜥蜴腦法則、交流模式和心智顯著性法則，可以幫助你提升文案的溝通力，讓資訊更流暢且無折損地潛入受眾心智。

我 的 心 得 筆 記

Chapter 6

金句力

好文案像豬蹄膀

金句型文案就像豬蹄膀一樣，充滿誘惑。
它是「太平了」、「記不住」、「沒亮點」的對立面，
是洞察力、思維銳度和文字遊戲的完美結合體。

新媒體時代，是一個推崇金句的時代。現實的原因是，受眾每天接觸的資訊太多了，注意力已經成為一種極度稀缺的資源。如果文案太平庸，就很難被受眾注意、記憶和傳播。金句的本質，是透過文案對資訊進行包裝，讓它們變得更顯眼，更容易被受眾接收和記憶。

　　在寫出金句之前，我們需要思考一下，到底什麼是金句。我曾經總結過不同文案之間的區別：

　　三流文案像涼開水，不管飽，也不解饞。

　　二流文案像白麵饅頭，能填飽肚子，但噎人。

　　一流文案像豬蹄膀，有筋有肉，禁得住咀嚼，回味無窮。

> 金句的本質，是透過文案對資訊進行包裝，讓它們變得更顯眼，更容易被受眾接收和記憶。

　　金句就是第三種文案，像豬蹄膀一樣，充滿誘惑。它是「太平了」、「記不住」、「沒亮點」的對立面，是洞察力、思維銳度和文字遊戲的完美結合體。具有金句特質的文案不僅新奇，並且總能識破人們內心的小情緒，戳破一些「陰暗面」，讓受眾感慨「還是你懂我啊」從而產生記憶點，下次再遇到相似境況時他們就會再度想起，進而提升對品牌和產品的興趣和好感度。

那麼，怎麼才能寫出文案金句？有哪些思路和技巧呢？
我們透過一些案例來進行練習。

　　如果要給一家健身房寫文案，你會怎麼下筆？

A 文案

一流健身器材，練出完美身材。

B 文案

每天堅持健身，減壓、減肥又塑形。

C 文案

不開心的時候，流淚不如流汗。

每次洗完澡站在鏡子前，都捨不得穿上衣服。

　　A 型文案很常見，使用了極端的形容詞和無意義的押韻。
在各大電商網站的無數商品詳情頁面上，大家已經見過它們
太多次，但它們卻像一群群打了照面就消失的路人，始終走
不到受眾心裡去。

　　B 型文案開始拋棄雲裡霧裡的形容詞，和受眾講起道理
來，文字樸實，注重說理。可是在資訊爆炸時代，受眾聽過
的道理比你吃過的鹽都多，「道理我都懂，就是懶得動」才

是現實。不把血淋淋的真相剖開，很難影響受眾的決策。

　　C 型文案懂道理，更懂洞察，也適當地使用了文字遊戲。它洞察到了 B 型文案中「減壓、減肥、塑形」背後那些真實的原因，每一句都有場景、有畫面感，在文字上也運用了一些小技巧，比如「流汗」和「流淚」的比照，以及對「洗完澡照鏡子」這個常見小動作的調侃。

　　寫出金句型的文案，關鍵在「軟硬結合」。軟是指敏銳的洞察力，它是讓文案「有嚼頭」（有咬勁）的前提，然而提升洞察力需要對思維方式進行長期、刻意的訓練。硬則指夠硬的文字功底和技巧。其實隨著年齡增長和對消費心理認知的提升，許多文案工作者都對所謂的人性有了或多或少的瞭解，但如何運用文字的功力將它們巧妙地表達出來，卻成為一大難題；這，也是本書這部分內容主要想解決的問題。

> 寫出金句型的文案，關鍵在「軟硬結合」；軟是指敏銳的洞察力，硬則指夠硬的文字功底和技巧。

　　《惡之華》（*Les Fleurs du mal*）的作者波特萊爾（Charles Baudelaire）曾說：「我整個一生都在學習如何構建句子。」足見大師之作得以流傳於世，除了因為思想深厚，也離不開

扎實的文字功力。將文案打磨成金句並非無套路可循，以下是我歸納總結的七個技巧。

1. 押尾韻

　　押尾韻是一種比較常見的文案玩法，押尾韻能讓文案變得朗朗上口，更加易讀易記。比如「天貓」（零售購物網站）超級品牌日文案「浪漫無法複製，但禮物可以被訂製」，就透過「複製」和「訂製」兩個詞押尾韻，鼓勵用戶購買天貓的訂製款產品，向心儀的人展示浪漫，這樣的押韻讓文案更上口，容易記憶。陌陌（社交應用程式）的文案「世間所有的內向，都是聊錯了對象」，也是將「對象」和「內向」押了尾韻，其實不過是將「生人面前害羞，熟人面前話多」換了個說法，核心訊息不變，但運用文字技巧，讓文案變得新鮮有趣不少。

　　異曲同工的還有，「米其林餐廳的味道真貴，媽媽的味道珍貴」（「今日頭條」）；「故鄉眼中的驕子，不該是城市的遊子」（房地產文案）；「將所有一言難盡一飲而盡」（紅星二鍋頭）；「一切順利就覺得自己真行，遇到麻煩事就怪水星逆行」（UCC coffee shop）……這些都是使用押尾韻法的成功案例。

如果要你給一款價格昂貴的健身器材寫一句文案，想給受眾傳遞的核心訊息是「有錢難買好身材」，你會怎麼落筆？

　　我們可以試著使用押尾韻法：

銀行卡上多少個 0 的錢財，也難換一副 0 號身材。

　　這句文案利用「錢財」和「身材」兩個詞押了尾韻，其實文案想給受眾傳遞的訊息是，金錢再多，也不能換來好身材，而一臺昂貴的健身器材或許會花掉你一筆錢，但帶來的回報卻是金錢也難買到的。

　　這裡需要提醒一下，無論我們想要寫金句還是段子，都不是為了玩文字遊戲而玩文字遊戲，明確想向受眾傳遞什麼訊息、提供什麼價值，才是最重要的。在這個基礎上，再對文字進行打磨。

2. 對比法

　　對比法也是創作金句的一種實用方法。對比的使用，能塑造強烈的反差，讓文案形成一種內部的張力，起到突出核心訴求點的效果。比如「愛你可以不留餘地，但家裡最好不要太擠」（房地產文案），把愛的寬廣和家裡的狹小進行對

比，引發受眾對大戶房型的渴望；比如那句非常著名的紅酒文案「三毫米的距離，一顆好葡萄要走十年」，也是透過「三毫米」這樣一段微小的距離，和「十年」這樣一段悠長時間的對比，道出醞釀一瓶好酒的背後，生產者所付出的巨大成本。諸如此類的還有「電視上預報了這一週的天氣，沒人能預知我下一秒的情緒」（網易新聞），道出了當代青年情緒活躍的特點。這句文案出自網易新聞一次名為「親密關係無能」的線下活動的宣傳海報。

在廣告文案中使用對比法而產生的金句十分常見：

你消化一餐外賣要 300 分鐘，
地球消化你的餐盒要 300 年。——百度

管得好上百人的公司，卻老弄丟自家的鑰匙。
——360 智能家

你有一顆比十萬八千里還遠的心，
卻坐在不足一平方米的椅子上。
——別克昂科拉（Buick Encore）汽車

你們去征服世界，我只想征服一個人的胃和心。
——下廚房

　　如果我們要用對比法為一款面膜寫文案，突出它抗老的功效，應該怎麼寫？最常見的就是「凍齡」、「逆齡」、「敷出嬰兒肌」這樣的寫法。然而我們不妨換個思路，用對比法創造一句金句試試：

對有的女人而言，歲月是兵戎相見的敵人；
對另外一部分女人而言，歲月是關懷備至的朋友。

　　這句文案透過「敵人」與「朋友」的對比，向受眾顯示保養的重要性，時間不一定只會讓美麗流逝，也會為美麗增添韻味。每個女性或多或少都有對衰老的恐慌，每個女性也都有追求美麗的欲望，使用這樣的對比法，能更好地激發她們購買面膜保養自己的衝動。

3. 拆解法

　　比起押尾韻和對比法，拆解法的難度會更大，也更需要文字技巧。拆解法的優勢在於，在拆解詞彙的過程中，可以

製造出新的內涵，讓受眾感覺新鮮有趣。

全聯超市在詮釋其經濟美學時，就使用了「來全聯不會讓你變時尚，但省下來的錢能讓你把自己變時尚」的文案，拆解了時尚一詞，讓超市這樣一個聽上去不怎麼酷的地方，也和年輕、時尚扯上了關係。天貓的文案「穿著舒服就好，是指你穿著舒服，別人看著也舒服」，則把很多人掛在嘴邊的「穿著舒服就好」進行了再度演繹，道出衣品的重要性。「買補水產品，是為了給你的年齡摻點水分」，則把「補水」拆解為「給你的年齡摻點水分」。

除了意義層面的拆解，還有針對詞語本身的拆解，比如「大眾點評網」的「吃都吃得沒滋味，怎能活得有滋有味」、「年輕人需要指點，但不需要指指點點」、「有些人喜歡說自己是外貌協會的，結果自己的外貌卻進不了協會」都屬於此類。

4. 比喻法

比喻是一種捷徑。許多作家和文案大師都留下過精妙的比喻句。比如英國散文家查爾斯・蘭姆（Charles Lamb）的「童年的朋友，就像童年的衣服，長大了就穿不上了」。

比喻的創作技巧和禁區，在本書第二章中已有詳細介紹。

當我們使用比喻法寫作金句時，除了要有文字層面的技巧，更需要洞察本體和喻體之間的相似之處，否則只會讓受眾雲裡霧裡，不知道文案到底想要傳遞什麼訊息。

5. 顛倒法

天貓「雙11」的一組海報文案是這樣寫的：「扮成潮人，就是不要消失在人潮」、「把好的物品帶回家，是為了把更好的狀態帶出門」，為「剁手族」*提供了釋放物欲的理由。許舜英為中興百貨寫的「到服裝店培養氣質，到書店展示服裝」，則點破了女性搖擺於物質與精神之間的心思。

6. 反常識法

用文案表達一些顛覆慣有認知的道理，易於引起人們的注意力和好奇心，反常識法也是寫作文案金句經常使用的方法。比如堅持每天來點「負能量」的咖啡品牌 UCC coffee shop 告訴人們：「這世界上的傻子不一定真的腦袋不好，但一定自以

---

*剁手族是網路流行用語，比喻控制不住購買欲，只有把手剁了才能停止繼續花錢。

為聰明。」在大眾的常識中，傻子就等於腦袋不好，但 UCC coffee shop 卻告訴大家，那些自以為聰明的才一定是傻子。又比如鼓勵用戶堅守精神角落的「豆瓣網」（社交網站），告訴大家：「最懂你的人，不一定認識你。」在人們的常識中，懂一個人的前提肯定是認識這個人，但豆瓣網卻透過反常識的方法，道出那些熟悉你的人不一定認識你的精神角落的現實，而虛擬世界中的友鄰，卻可能更明白你的內心。

7. 故事法

用文案寫出一個故事，也是金句的打造法之一。多年前萬科集團一組主題為「讓建築讚美生命」的海報，圍繞建築這一作為人們棲居之地的空間，發散出一個個尋常又動人的故事，人文氣息彌漫字間。

一塊磚如何在時光中老去，
一只郵箱怎樣記載一段斑駁的愛情，
一次塗鴉又印記著什麼樣的童年，
甚至爬山虎*的新葉，

＊爬山虎，即爬牆虎、地錦。

甚至手指滑過牆面的遊戲，
都是建築最生動的表情。
萬科相信，扎根生活的記憶，
建築將無處不充溢著生命。

生活著，就有生活著的痕跡。
那枚掛過書包的洋鐵釘子，
門框上隨身體一起長高的刻度，
還有被時間打磨得錚亮的把手，
所有關於生活的印記和思考，
總在不經意間銘刻在空間的各個角落，
由歲月成篇，堆積出記憶的厚度。
萬科相信，唯有尊重生命歷史的建築，
才能承載未來可持續的生活。

如果，
庭院失去雞飛狗跳的童年，
廚房失去油鹽醬醋的薰陶；
如果，
窗口失去歡聚傾談的燈影，
陽臺失去春花秋月的演繹，

建築，

將只剩下冰冷的材料與空洞的堆砌。

萬科相信──生命需要不同的表達，

而建築恰是它最自由的舞臺。

　　金句雖然令人著迷，但起到的作用只能是錦上添花，準確的洞察和對效果的把控才是一個文案工作者的基本素養；所以，千萬不要勉強，畢竟「小聰明」和「抖機靈」*絕對不是金句的真正含義。

> 金句起到的作用只能是錦上添花，準確的洞察和對效果的把控，才是一個文案工作者的基本素養。

＊抖機靈，指為了凸顯自己而耍小聰明。

我 的 心 得 筆 記

Chapter 7

把聚光燈讓給受眾

傳播力

在每一位受眾的大腦中，都安置有一個隱形的資訊過濾器，
它就像一道閘門那樣，幫助人們攔截、過濾掉那些無關緊要的資訊，
只將保留下的部分進行加工、處理。

文案的目的是溝通，但優秀的文案不僅能將資訊順利地傳遞給受眾，它的身上還具有傳播力，能夠讓受眾主動地將它口口相傳下去。對一名文案工作者而言，如果我們不能清晰地理解傳播的原理和邏輯，那麼即使內容本身再優質，也很難引起廣泛的認同與傳播。那麼，怎樣才能透過文字有效地吸引受眾注意力？怎樣才能讓內容打動人心？怎樣才能讓內容具有說服力？弄明白一些傳播原理、技巧、趨勢，能幫助我們打造文字的自傳播力。

1. 新媒體時代的內容傳播邏輯

在過去不到十年的時間內，傳播環境已經發生了劇變。我們先來看看，在傳統媒體時代，也就是紙媒、電視、廣播占據絕對傳播優勢的時代，資訊傳播的邏輯是怎樣的，如下圖所示。

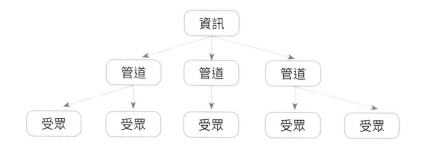

從上頁圖片中我們可以看到，傳統媒體時代的整個傳播路徑圖呈現金字塔的形狀，因為在傳統媒體時代，資訊的生產和分發（也就是管道），都掌握在記者、編輯等少數人手裡。

因此在傳統媒體時代，資訊的傳播是一種單向傳播，從資訊源頭到幾個主流管道，再到受眾。資訊到了受眾這裡已經是末端，一般情況下，不會再有大規模的下一步傳播。在這個時代，管道的地位必然是比較高的，它幾乎決定了受眾能讀到什麼內容。

我們再來看看，到了新媒體時代，資訊傳播的情況發生了哪些變化，如下圖所示。

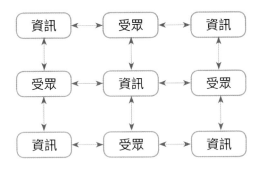

好文案，都有強烈的畫面感

在左頁圖中我們可以看到，新媒體時代的傳播路徑呈現網狀的結構。在以社交媒體成為主流傳播管道的新媒體時代，每個人都可以生產資訊、傳播資訊，每個人都可以註冊一個臉書帳號、一個推特（Twitter）帳號，自由地發布自己的觀點或轉發認同的觀點。

因此在資訊傳播的過程中，受眾的主動權提升了，管道的力量減弱了。受眾從被動地接收資訊，到參與創造資訊、傳播資訊，他們已經是這個時代資訊傳播的重要參與者。我們自己，我們的朋友同窗、家人，都在傳播著自己喜歡或者自己認為有價值的資訊；這個時候，資訊的傳播就變成了一種複雜的多向傳播，呈現出網狀的結構。

就像互聯網學者凱文‧凱利（Kevin Kelly）所說的那樣，任何網路都有兩個要素：節點和連接。互聯網時代，節點正變得愈來愈小，而它們之間的連接愈來愈多，愈來愈強。這段話怎麼理解呢？在傳統媒體時代，主流媒體，比如電視臺、報社、入口網站等，就是凱文‧凱利所說的大節點，是流量的入口；而現在，流量的大入口是 Facebook 等社交平台，流量進入它們之後，又被分散到無數個推特帳號、Instagram 帳號上，這些自媒體，就是一個個比較小的節點，而用戶轉發的傳播行為，就是節點之間的連接，是它們，決定了傳播的深度和廣度。

據微信平台曾經公布的一組數據，80% 的用戶都是透過朋友圈閱讀內容，而不是直接去訂閱號裡閱讀的。這個數據從側面告訴我們，想讓內容被更多的人看到，關鍵在於，讓他們轉發、分享到朋友圈。

透過對傳播大環境和微信數據的分析可以看出，傳統媒體時代，我們的文案只需要讓受眾，甚至只需要讓編輯覺得好看，就算得上成功。而新媒體時代，我們的文案不僅要好看，還必須讓受眾想轉發，這才是讓文案獲得傳播力的關鍵。

> 新媒體時代，文案不僅要好看，還必須讓受眾想轉發，才是讓文案獲得傳播力的關鍵。

2. 資訊過濾器原理：抓牢受眾注意力

在現代商業社會中，人們每天都暴露於海量資訊的洪流中，為了確保大腦能夠正常工作，它必然不會對這些資訊來者不拒、照單全收。在每一個人的大腦中，都安置有一個隱形的資訊過濾器，它就像一道閘門那樣，幫助人們攔截、過濾掉那些無關緊要的資訊，只將保留下的部分進行加工、處理，避免資訊超負荷情況的發生。

好文案，都有強烈的畫面感

身為文案工作者，我們不會希望自己輸出的資訊被當成無用的噪聲，失去被受眾接收、消化的機會。那麼，讓資訊順利通過過濾器的正確方式是什麼呢？我總結了四個要素。

資訊與人的關聯度

　　Facebook 的 CEO 馬克·祖克柏（Mark Zuckerberg）曾經說過一句話：「人們對自己家門口一隻瀕死松鼠的關心，更甚於對非洲難民。」

　　現實就是如此，人們對那些與自身關聯度高的資訊往往更敏感，不願意錯過。這就是為什麼一些文案可以迅速引起廣泛的注意和傳播，比如「現在盛行一種新毒藥，它可能就在你家冰箱裡」、「把這些東西放在床頭，是引發起床氣的原因」等，它們描述的都是大眾熟知的事物，都與大眾的生活息息相關。

　　畢竟，對大多數人而言，冰箱裡的細菌確實比國外發生的戰爭更讓人膽戰心驚。所以下一次，當你撰寫文案時，不妨找到那些與目標人群關聯度更高的切入點，在動筆之前做更多的功課，對目標人群的知識、經驗的背景進行調查，並借助與這些知識、經驗高度相關的因素吸引目標人群的注意力，讓我們的文案更加順暢地通過過濾器的攔截。

資訊源頭的可信度

資訊源頭的可信度這項要素比較容易理解。就像廣告片裡美艷動人的女明星對你說一萬句「××精華，讓皮膚不加『斑』」，也不及聽你的閨蜜說一句樸實無華的「這精華液效果不錯」，尤其當你眼見著相貌平平的她最近變得容光煥發了不少時。

受眾對資訊源頭的信任度愈高，資訊就愈容易通過過濾器，而且有更大的機率影響受眾的行為。這也可以解釋，為什麼垂直領域的 KOL（Key Opinion Leader，意見領袖）對受眾的影響力愈來愈大，微信 KOL 帳號的推薦可以在幾分鐘內讓某款產品銷售一空，根本動力是粉絲對其審美和人品的信任感。

資訊的新奇度

舊有的、平常的資訊，絕對位列被過濾器攔截的第一梯隊。受眾對新奇資訊的刺激有一種天生的反應機制，這也是新聞業立足的根本。如果你要為一家連鎖超市策劃一場活動，目標是宣傳超市品牌，同時吸引更多的潛在消費者，你會怎麼做？全聯超市就推出過一場另類的走秀。宣傳海報中，在秀場的中央，白髮老人取代了妖嬈模特，全聯塑膠購物袋取代了奢侈手提包，簡單的白 T 恤上印著傳遞核心訴求的文案，

這一次，全聯超市對其生活美學的闡釋多了一些新奇與幽默：

價格跟血壓、血脂、血糖一樣，不能太高。

誰說我老花眼？誰貴誰便宜，我看得一清二楚。

就算記性再差，也不會忘了貨比三家。

牙齒或許不好，但划算的一定緊咬不放。

資訊的簡易度

　　人的大腦天生抵觸那些複雜的資訊，因為加工它們需要更高的成本。不信我們可以問問自己，當我們同時面對「液態氦的λ現象和玻色—愛因斯坦凝態（Bose-Einstein condensate）」和「100 秒看完 100 年物理發展史」兩條資訊時，我們的大腦會不由自主地抗拒哪一條資訊？那些幫助受眾進行了提煉和簡化的資訊，更容易被他們接受，傳播的成本也會更低。

3. 心理需求原理：讓傳播針針見血

如果你想讓內容具備較好的傳播力，那你必須先規劃好它的功能：它到底能夠滿足受眾哪一種需求？不同類型的受眾群體，他們的心理需求中最強烈或最容易得到滿足的分別是哪些？

認知的需求

人們透過媒介獲取資訊、知識及認同，本質是在不斷地完善對世界及自身的瞭解。如果你的內容是要滿足受眾認知的需求，那麼關鍵就在於要有資訊增量，即告訴受眾一些他們此前不知道的資訊。

那麼內容要如何引起受眾的注意呢？僅僅製造懸念是不夠的。如果你的內容想要滿足受眾認知的需求，有一個實用的技巧是「利益點清晰＋製造懸念」。利益點清晰非常重要，因為它其實是在告訴受眾，我這裡有這麼一籮筐知識；而製造懸念則是告訴受眾，這些知識你還不知道。

這麼一來，其實就打開了受眾的好奇心缺口，使他們產生好奇、產生獲取認知的興趣。比如「創業公司 CEO 選拔人才的五大鐵律」、「99% 的新媒體人在蹭熱點，他用這些方法創造了熱點」這類內容，就滿足利益點清晰＋製造懸念的原則，能有效引起目標人群的注意力。

情感的需求

「1940 年代美國的一項調查發現，有很多家庭婦女收聽廣播劇的動機就是獲得哭泣的機會。受眾有在媒體接觸中滿足情感需求的強烈動機。」（《心理學理論怎麼用：傳播心理學》／方建移編著）

人的情感需求有很多種類型，其實人們不僅追求愉悅，對那些引發傷感情緒的事物也同樣著迷，而更年輕的群體則喜歡從「逗趣」、「呆萌」、「厭世」的情緒中尋求認同感。

據 IME 輸入法公司 Kika 發布的數據報告，2016 年全球行動網路用戶使用最多的 Emoji 表情符號是「笑中帶淚」表情，它同時也是《牛津詞典》2015 年年度詞彙。為什麼這個表情那麼受歡迎？最關鍵的一點是，它模棱兩可，可以表達的情緒含義非常豐富：破涕為笑、哭笑不得、無奈、尷尬、自嘲……堪稱線上社交的「萬金油」*。

這個頗受歡迎的笑著哭表情可以從一個側面告訴我們，在當前的行銷環境中，受眾對某種單一的情緒表達早已經司空見慣，而那些複雜、微妙的情緒表達更能引起他們的共鳴，而且容易引發更多的解讀、討論與傳播。

~~~~~~~~

＊萬金油是應用範圍很廣的非處方藥物，在網路上引申為什麼地方都能派上用場的角色、
　陣容、裝備等。

日本休閒服飾品牌 LOWRYS FARM 就曾拍攝過一組短片，主角是一群神經大條、有點古怪的女孩，她們會做出以下舉動：在石頭上游泳，在街頭瘋狂轉圈，在寺廟前倒著走路，在橋上奇怪地舞蹈……顛覆了過去時裝廣告中那些精緻、優雅、完美的女孩形象。然而正是這些神經大條的女孩，很容易讓人想起身邊的某個古靈精怪的朋友，甚至想起自己，這正是品牌想要傳遞的情緒，讓有趣、可愛，又帶點小古怪的形象打動消費者。

4.弱刺激原理：提升內容的說服力

人的感官只能對一定程度內的刺激做出反應，這叫作「感覺閾限」（sensory threshold）。比如我們很難感受到一粒灰塵落到臉上，因為它超出了我們的感覺閾限。

那麼，是不是文案的內容對受眾的刺激愈強，就愈能說服受眾呢？誠然，如果內容的刺激過弱、時間過短，那麼就很難引起受眾的注意；但如果內容的刺激過強、時間過長，超過了受眾所能承受的限度，反而會引發受眾的不良反應。

> 內容的刺激過弱、時間過短，很難引起受眾的注意；內容的刺激過強、時間過長，會引發受眾的不良反應。

2017 年以來，世界上數一數二的廣告主，包括寶僑、聯合利華、可口可樂等，都紛紛開始削減創意代理商數量和廣告預算，因為它們已經意識到，過於密集的廣告轟炸會讓受眾處於一種「飽和」的狀態，反而會降低投資報酬率。

　　從另一個角度來說，在資訊超載的時代，在受眾日益精明的時代，強刺激的產生和發揮作用已經愈來愈難了，這時候，弱刺激就成了一種更為有效的說服手段。在文案中使用更加平靜、溫和、客觀的語氣進行說服，讓受眾可以在其已有觀念與新觀念的矛盾之間，更理智地做出選擇，這種策略的本質在於將轉變態度的主動權交給受眾。

　　同時，我們必須要清晰地意識到，刺激、說服策略的制定並不能一概而論，而是應該根據目標受眾的屬性而進行。根據人群的不同，說服策略可以分為兩種：單向說服和雙向說服。這種策略分類方法最早由美國心理學家霍夫蘭（Carl Hovland）等人在第二次世界大戰期間，為美國陸軍部所做的實驗研究中提出，其效果主要視資訊接收者的受教育程度及閱歷深淺而定。

單向說服

　　「單向說服只呈現傳播者所讚同的立場，閉口不談對立的觀點，或一味強調其不足與缺點。」

對於那些受教育程度較低、閱歷較淺的受眾，單向說服比雙向說服更有效，更容易讓他們接受；如果向他們講述相反的觀點，反倒會使他們感到迷惑，甚至會錯解你的內容。比如你要向這一群人推銷某款手機，那你就不用拿它和其他品牌的產品進行各種參數的對比了，也不用去揭自家的「短」以顯得客觀，直接說它快、省錢、耐用就可以了。

雙向說服

「雙向說服是指傳播資訊包含正反兩種立場和觀點，承認與自己對立的看法也有可取之處，但巧妙、委婉地表示自己更勝一籌。」

這樣的說服方式適合於受教育程度較高、社會閱歷豐富的受眾，正反兩方面的陳述會讓自己的內容看起來更加客觀，可信度更高，也可以增強目標受眾購買的信心。同樣以手機為例，面對一二線城市的手機用戶和發燒友，手機廠商會搬出許多詳細的測評內容，並從操作系統、處理器、鏡頭、電池、外觀等多個角度，全面細微地與競爭對手做比較，用事實說服用戶。

5. 影響力方程式

「貴」媒體時代正在退出舞臺。過去，企業可以花重金投放主流管道（報紙、電視等），使用這些聲量巨大的「麥克風」向受眾灌輸品牌觀點、推銷產品。

如今，隨著管道去中心化、垂直 KOL 崛起，受眾好像身處資訊的海洋，品牌的聲音在進入傳播管道後會被迅速稀釋，受眾受到刺激的臨界值正在不斷提升。資訊飽和的時代不歡迎孱弱的聲音，我們需要付出更多的心力去研究傳播邏輯和表達技巧，才能構建起自己的影響力。

關於影響力的變量和它們之間的關系，《紐約時報》（*The New York Times*）暢銷書作家克里斯·布洛根（Chris Brogan）曾提煉過一個影響力方程式，如下圖所示。

$$I =$$

Impact
影響力

$$C \times (R + E + A + T + E)$$

Contrast	Reach	Exposure	Articulation	Trust	Echo
對比度	觸及率	曝光度	表達方式	信任度	共鳴程度

可以看到，在這個方程式中，「對比度」是最重要的一個要素，它是指資訊的差異性、區別度，這是資訊爆炸時代品牌脫穎而出的前提。

　　「觸及率」很好理解，它是指資訊抵達受眾的量；資訊觸及的受眾基數愈大，內容影響力擴大的機率就愈大。比如YouTube頻道的訂閱量、FB粉絲專頁的粉絲人數，都在很大程度上決定了內容的閱讀量，即觸及率。

　　如果觸及率是指我們和多少人打交道，提升「曝光度」就是指我們多久和他們打一次交道。曝光度的關鍵在於把握曝光的時間點、頻率、節奏等，比如FB粉絲專頁的經營者需要知曉用戶閱讀的高峰期分布在哪些時間點，最符合目標用戶需求的推播頻率是什麼，依照這些規律去發布會獲得更好的流量。

　　「表達方式」更多涉及具體的文案技巧。天底下新鮮的道理並不多，同樣的道理用不同的方式進行表述，產生的效果可能判若雲泥。

　　「信任度」是決定影響力的一個關鍵因素，它關係到品牌與用戶之間的黏著度，也和傳播的轉化率等密不可分。

　　「共鳴程度」，也就是經常被人們掛在嘴邊的「上心」（放在心上）。只有具備了洞察人心的能力，才能賦予內容激起心智共鳴的力量。一般而言，品牌的觀點需要觸及用戶

已有的知識沉澱，激起漣漪，才能引發共鳴和理解。

在這個影響力方程式中，觸及率、曝光度屬於彈性不大的變量，而對比度、表達方式、信任度、共鳴程度這四個變量效果提升的策略與技巧，是我們需要掌握的。

> 在影響力方程式中，觸及率、曝光度屬於彈性不大的變量，而對比度、表達方式、信任度、共鳴程度這四個變量效果提升的策略與技巧，是我們需要掌握的。

對比度：資訊飽和度與傳播率的拋物線

新媒體時代拒絕含糊的觀點，資訊的對比度愈高，被受眾識別、接收的機率就愈高。然而，資訊愈新愈奇，就愈容易受到關注嗎？答案是否定的。

事實是，只有當受眾所獲得的資訊和他們大腦裡儲存的知識形成映射時，他們才能在資訊中找到快樂，這種興奮感會促使他們更認同這條資訊，產生轉發、傳播的動力。這裡讓我們再引入一組概念：資訊傳播率和資訊飽和度。

就像許多畫家、文學家的作品被同代人棄之不顧，卻要等數十年甚至數百年後才被世人奉為珍寶那樣，內容太新奇、

太前衛，往往難以獲得人們的理解。在新媒體時代尤其如此，資訊飽和度和資訊傳播率的關係呈拋物線狀，如下圖所示：

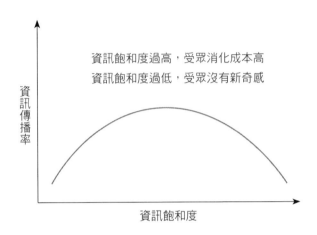

當資訊飽和度過高，比如資訊太新或太複雜時，受眾接受和消化的成本就會過高，會阻礙他們主動傳播資訊；而資訊飽和度過低，會讓受眾覺得毫無新鮮感，也不會得到他們的注意和傳播。只有當資訊的對比度適中時，才能獲得較好的傳播。

就像我們在前文中提到的，當給別人介紹一種他們沒見過的新水果釋迦時，你可以有兩種介紹方式。你可以這樣描

 好文案，都有強烈的畫面感

述：釋迦又名番荔枝，成熟時表皮呈淡綠色，覆蓋著多角形小指大之軟疣狀凸起（由許多成熟的子房和花托合生而成），果肉呈奶黃色⋯⋯

你也可以這樣描述：釋迦大小和石榴相近，看上去像是大幾號的、綠色的荔枝，果皮上的許多凸起，就像佛祖頭頂的肉髻，味道有點像芒果。

對沒有見過、沒有吃過釋迦的人而言，第二種描述顯然更容易理解，因為它運用了類比的手法，石榴、荔枝、芒果、佛祖的腦袋，都能調動起人們已有的知識儲備，而不是對著一堆陌生、抽象的文字一頭霧水。

> 資訊飽和度過高，受眾接受和消化的成本就會過高，會阻礙他們主動傳播資訊；資訊飽和度過低，會讓受眾覺得毫無新鮮感，也不會得到他們的注意和傳播。

表達方式：文案是拳擊手套還是羽毛？

在資訊飽和時代，平庸的表達方式會被受眾無情屏蔽，笨拙的表達方式會讓受眾失去耐心，只有那些聰明而獨到的文字能像閃電一樣擊中受眾。

就像克里斯‧布洛根所說的，高水準的表達方式會讓想法如一把劍般鋒利，突破認知上的層層屏障，讓你恰如其分地接受它的全部內涵。

對文案創作而言，對表達方式的錘煉和推敲並非時下流行的「說人話」那麼簡單，面對不同的產品、不同的人群，需要選擇與之契合的表達方式。

一般而言，高水準的表達方式分為兩種，一種是力量型的，就像給文案戴上拳擊手套，使之精悍有力，可以有效喚起行動。

另一種是挑逗型的，就像給文案插上羽毛，使其具有撓癢癢般的魅力，可以引起人們的好奇心，加深記憶。

寫出力量型文案，有三個技巧：從負面情緒著手，多用短句，多用動詞。

雖然正面情緒能讓受眾產生愉悅感，但負面情緒往往更有「扎心」的力量。企業辦公軟體「釘釘」在一組地鐵廣告投放中，就透過文案去「揭傷疤」，揭開了創業光環下的殘酷真相，使創業者的焦慮、疲倦、無奈一瀉而出，對目標人群進行情緒衝擊，從而製造情感上的共鳴。

「玻璃心，磨成了鑽石心」道出了創業者在創業之路上經過千般磨難與挑戰後，煉成一顆強大的心臟的不易；「感覺自己會成功，這種感覺已經是第六次」則表現出了創業

者依然對自己抱有信心，即使這種信心已經經歷過數次摧垮……一組組文案，都傳遞出「創業很苦，堅持很酷」的主題。

多用短句這項技巧很好理解，短小精悍的文案顯然比複雜冗長的文案更具力量感，「自律給你自由」就比「節制自己的欲望能讓你對人生有更強的掌控力」有衝擊力；「漂亮得不像實力派」就比「漂亮得讓人不相信她竟然不是花瓶」更有底氣。

讓文案變短最需要的能力是提煉，首先你可以先將想表達的訊息寫出來，在這個基礎之上再做文字技法上的優化。

多用動詞會讓表達「活」起來，動詞原本就自帶力量感。就像前文提到過的，紅星二鍋頭的「把激情燃燒的歲月灌進喉嚨」、「用子彈放倒敵人，用二鍋頭放倒兄弟」、「將所有一言難盡一飲而盡」，就透過「灌」、「放倒」、「飲」等動詞的使用，讓文案充滿力量感，也與烈酒的產品屬性相得益彰。

而創作挑逗型文案的關鍵詞就是：具體。文案的顆粒要很細，充滿細節，能夠喚起受眾對場景的感知。就如羅伯特‧麥基（Robert McKee）在《故事的解剖》（*Story*）一書中所說：

生動性來源於事物的名稱。名詞是物體的名稱；動詞是動作的名稱。要生動寫作，應迴避使用泛指名詞和帶修飾語

的動詞，努力尋找事物的具體名稱：不要說「木匠使用一根大釘子（a big nail）」，而要說「木匠捶打一根尖鐵釘（spike）」。「釘子」是一個名詞，「大」是一個形容詞。

日本神奈川縣牙科醫師協會一組主題為「你的牙齒沒事吧？」的公益廣告，就透過挑逗型文案，讓受眾自行腦補出牙齒疾病帶來的尷尬：

想「啾」地親親小狗狗，
牠卻把頭扭到了一邊。

小朋友給我畫的人像，
牙齒被塗成了褐色。

挑逗型文案不會像力量型文案那樣直戳痛點，卻能透過場景的構建、側面的烘托或懸念的鋪設，讓受眾輕易明白隱藏的訊息，並透過這樣的「迂迴」表達來加深受眾的好感度和記憶度。

信任度：缺點暴露效應，小怪癖拉近距離

社會心理學上有一種理論叫「缺點暴露效應」（weaknesses

exposed effect），指適當地暴露無傷大雅的小缺點，非但不會對形象造成損害，反而會拉近和他人之間的距離，讓自己更加受歡迎。

就像情感類文章裡說的「卸下盔甲，袒露軟肋」，人們只有在信任的人面前才敢暴露缺點。

因此，適當暴露缺點是一種表示信任的行為，高大完美的形象會拒人於千里之外，而小缺點並不會掩蓋主要的優勢，反而會讓對方覺得真實，小怪癖也更容易拉近關係。

在面對八年級生、九年級生受眾時，這一招尤其重要。當下許多品牌都在探索年輕化道路，放棄自吹自播的招數，企圖獲得年輕人的好感與信任。快 100 歲高齡的奢侈品牌 GUCCI 在 2018 年 3 月就為推廣手錶做了一次風格奇特的線上行銷，獲得了國外網友一致好評。

GUCCI 直接使用義大利畫家布隆津諾（Agnolo Bronzino）的一幅畫作，為畫中一位面有慍色的女子配上「當他給你送花，而不是送 GUCCI 手錶時」的文案，正好與這幅畫作背後的典故契合：畫中女子因求婚者贈送的禮物不合心意而懊惱。

還有「當你買了 GUCCI 新手錶忍不住炫耀時」的海報，海報中身著西裝的男子為了炫耀自己的 GUCCI 手錶而把西服袖口摳爛，諸如這類擱下嚴肅面孔，以小怪癖、惡趣味示人的行銷，往往更容易拉近和受眾之間的距離，也更容易打破

陌生感、建立信任感。

共鳴程度：構建場景，打開受眾的情緒閥門

「一個觀點引起某個人的注意，必定是因為它勾起了他某種似曾相識的感覺，而它又包含有某個足夠突出的差異點，因此得以再次引起他的注意。」

這句話裡其實已經指出了引起受眾共鳴的兩個關鍵因素：喚起讓受眾似曾相識的感覺，以及有足夠的特點能讓受眾記住。

下面兩句文案，哪一句更容易引起愛美女士的共鳴？

A 文案
我的女朋友是個愛美的女人，愛美到有點瘋狂。

B 文案
我的女朋友有超過 50 個色號的口紅、30 件不同款式的白襯衫，當你打開她的鞋櫃時，你會誤以為她是一隻蜈蚣。

顯然，充滿細節和場景的 B 文案更容易讓女士們產生代入感：誰不渴望擁有全部色號的口紅和整整一個衣帽間的衣服和高跟鞋呢？

B 文案不僅讓受眾有代入感，還具有差異性，也就是描述稍有誇張；50 個色號的口紅、30 件不同款式的白襯衫等並非每位女士都能擁有，所以更容易讓人產生記憶。

　　對比度、表達方式、信任度、共鳴程度的提升，需要品牌提升對人群的洞察、溝通策略、文案技巧等。在資訊飽和時代，想要脫穎而出的成本加大了，但找到影響力的槓桿並學會撬動槓桿的技巧，更容易讓品牌低成本地實現影響力的提升。

6. 新媒體時代傳播的八個趨勢

　　在許多文案工作者眼裡，這是一個「廣告太多，受眾快不夠用了」的時代。新媒體的出現，讓內容、管道和人的關係發生了巨大變化；弄懂這三者之間的關係，是我們做出有效行銷的前提。

　　內容愈來愈同質化，管道愈來愈失控，受眾愈來愈難以取悅，讓傳統的行銷策略和節奏漸漸失效。新媒體時代和傳統媒體時代做行銷的最大區別，就是我們必須更懂內容傳播的規律和技巧，因為這是一個「人人自帶管道」的時代：每個人都有自己的社交帳號，每個人都能傳播給一群人。

　　在新媒體時代，受眾的心理訴求和認知模式發生了哪些

變化？洞察八個趨勢，才可能做出自帶傳播力的行銷行為。

> 新媒體時代和傳統媒體時代做行銷的最大區別，就是我們必須更懂內容傳播的規律和技巧，因為這是一個「人人自帶管道」的時代。

菁英思維的潰敗：平民的才是可愛的

傳統媒體時代，是管道為王；互聯網時代，是內容為王；而現在，是「受眾喜歡的內容」為王。

傳統媒體時代，資訊的過濾權掌控在少數人（記者、編輯）手裡，他們在很大程度上決定著受眾能看到什麼資訊，不能看到什麼資訊。

而在新媒體時代，資訊過濾權開始下移，人人都是內容的傳播者。「高冷」*的內容也許從專業角度擁有很高價值，但那些親民、有趣的內容更容易獲得大眾的喜愛，並借助他們的傳播收獲可觀的流量。

＊高冷是網路用語，此處指內容高深有閱讀價值，但一般人難以親近。

傳統媒體時代，人腦的認知模式是線性的、高涉入（involvement）的；新媒體時代，認知模式卻是非線性的、低涉入的。

　　就像當我們閱讀一本 10 萬字的書時，我們會抽出沉浸的時間，從頭到尾按順序地讀完；而當我們在網上閱讀一篇1000 字的文章時，中途則可能會透過文中的超連結跳轉到其他文章上去，或被彈出的廣告分散了注意力。

　　在新媒體環境下，行銷內容再優質，受眾也沒有精力去欣賞了。他們更喜歡那些與自己關聯度高、可參與度高的內容。在這個時代，「接地氣」內容的歷史地位第一次超越了「高大上」的內容。

人人都是演員：受眾內心戲需要舞臺

　　傳統媒體時代，企業對管道的掌控力較強，受眾通常扮演傾聽者的角色，資訊呈現單向傳播模式。新媒體時代，由於人人都自帶傳播管道，資訊傳播模式變成了複雜的多向傳播。

　　在這樣的媒介環境下，受眾自我表達的欲望也愈發茁壯，他們的意志和偏好成為行銷能否成功的一個關鍵點。

　　在這個「人人都是演員」的時代，受眾需要的不是引導，而是表達。行銷人員更應該考慮的不只是創意有多巧妙、內

容有多精良，而是如何為受眾的內心戲提供一個舞臺，UGC（User Generated Content，用戶生成內容，或譯「使用者原創內容」）開始成為行銷的一個關鍵詞。

深潛者和快艇手：比起記憶，受眾更擅長遺忘

《網路讓我們變笨？》（*The Shallows*）一書的作者尼可拉斯‧卡爾（Nicholas Carr）認為，紙媒時代我們獲取資訊就好像戴著潛水面罩，在文字的海洋中緩緩前進；而在互聯網時代，我們就像一個個摩托快艇手，貼著水面呼嘯而過。

對網路的使用，導致我們在生物記憶中保存資訊的難度加大，我們被迫愈來愈依賴互聯網上那個容量巨大、易於檢索的人工記憶，哪怕它把我們變成了膚淺的思考者。

在這樣的環境下，受眾的大腦不再依賴記憶行為本身。在面對資訊超載帶來的認知負荷時，受眾不會努力去記憶那些他們認為重要的資訊，他們更傾向於去屏蔽、遺忘那些他們認為不重要的資訊。如此一來，行銷必須降低受眾消化、儲存資訊的成本，才有機會在受眾的頭腦中扎根。

> 行銷必須降低受眾消化、儲存資訊的成本，才有機會在受眾的頭腦中扎根。

 　好文案，都有強烈的畫面感

消費者身分的轉移：從獵物到隊友

　　長久以來，人們都把行銷視作一場零和賽局：一方的收益意味著另一方的損失，品牌方和消費者被有意無意地放在對立的兩端。品牌方想方設法地從消費者身上攫取注意力、好感度和金錢，在這樣的思維導向下，消費者往往被視作一個個靜止的「獵物」，被各式各樣的廣告訊息「圍獵」並「俘獲」。

　　社交媒體的崛起，打破了這種不平等的對立局面。管道的下放與碎片化，給消費者手裡遞去了「麥克風」，他們對品牌的意見能夠很容易地表達出來並得到聆聽，並且容易對其他潛在客戶產生影響。這些普通消費者，以及他們當中的意見領袖，取代了廣告話術和明星代言人，決定著品牌和產品的口碑和命運。

　　在新的傳播環境下，我們想要使自己的資訊得到大量傳播，就不能再將消費者視作獵物，而要將他們視作親密的隊友：給予他們充分的激勵，調動他們在整個行銷過程中的參與度，並促使他們輸出正面評價。

> 想要使自己的資訊得到大量傳播，就要將消費者視作親密的隊友：給予他們充分的激勵，調動他們在整個行銷過程中的參與度，並促使他們輸出正面評價。

一些嗅覺敏銳的品牌已經做出了大膽的嘗試。2016 年，75 歲的美國巧克力豆品牌 M&M's 就曾把巧克力豆常規口味的決定權交給消費者。他們發起了一場投票，讓消費者在蜂蜜堅果、咖啡堅果和辣堅果三種口味的花生巧克力豆中做出選擇，最後咖啡堅果口味勝出，成為 M&M's 的常規口味。

　　值得注意的是，這三款產品在測試階段時，最受歡迎的就已經是咖啡堅果口味巧克力豆，M&M's 在某種程度上，只是借這個行銷活動與消費者一起「玩耍」一番，讓消費者獲得參與感，從而建立起雙向溝通。

　　最近，愈來愈多的品牌主開始採取「把消費者變隊友」的行銷手段。西班牙漢堡王（Burger King）近期在 Instagram 上發起了一項調查，它們透過九支短片，讓消費者選擇自己青睞的口味，例如漢堡中要加幾片肉、幾片生菜，醬汁選哪種口味等。完成調查後，消費者可以獲得優惠券，在規定的時間內可到門店兌換票選出的訂製漢堡；在幾小時內，這場活動的參與者就超過了 4 萬 5000 人，並產生了 27 萬次互動。

　　可以看到，在新的傳播思維影響下，消費者的身分已經發生轉變，從獵物變成了隊友，參與感成為一項不可或缺的因素。一場帶有「戰鬥意味」的互動、一套新奇有趣的激勵機制，都有可能將消費者轉化成與你並肩作戰的隊友，拉近品牌與消費者之間的距離，為行銷注入強大的話題性和自傳

播力。

打卡心理學：體驗更具可晒性

讓受眾主動地、熱心地傳播品牌和產品資訊，這是每個行銷人員夢寐以求的境界。

新媒體時代，用刺激性的情緒煽動受眾從而讓內容獲得病毒式的傳播，已是一種屢試不爽的招數，但它的缺陷也顯而易見，那就是情緒喧賓奪主，往往使品牌、產品資訊難以在受眾腦中留下深刻印象。

與線上的情緒相比，線下的體驗就能較好地彌補這項缺憾。如今，在年輕人群尤其是年輕女性群體中，流行著一個詞，叫「打卡」。不同於健身打卡、背單字打卡，這個打卡是指去了某個地方之後拍照晒留影的行為，比如「打卡 ×× 網紅餐廳」、「打卡 ×× 拍照聖地」。

這是一種在線上分享線下體驗的行為，它帶有某種程式化的意味，打卡行為背後的心理機制是「晒」，並供後來者參考、模仿。

美國活動平台 Eventbrite 數據顯示，超過 3/4 的八年級、九年級消費者，在預算有限的情況下，會優先考慮購買體驗，而非產品。這是一個有趣的數據，體驗顯然比產品更具有豐富性和「可晒性」，能夠幫助消費者更好地完善自己的「人

設」＊。

　　從近來品牌快閃店（pop-up shop）的層出不窮可以看出，線下體驗和情感互動正變得流行，它們通過沉浸式的體驗讓消費者對品牌產生記憶，並且在空間中更多樣化地呈現品牌訊息。

　　2017 年年底，旅遊資訊網站馬蜂窩在北京三里屯舉辦了一場名為「攻略全世界網紅牆」的體驗活動，它將全球 12 面知名網紅牆〔比如美國救贖山（Salvation Mountain）、日本千本鳥居等〕進行了一次縮小版「複製」，並搬到一個展廳中，讓參與者在一小時內就完成穿越全球的網紅牆打卡。

　　冰淇淋品牌 Magnum 近期也讓一組具有打卡價值的巨幅插畫，出現在了巴黎、倫敦、羅馬等城市的街頭，在富有視覺衝擊力的畫面中，隱藏了 Magnum 冰淇淋的形狀。插畫家認為：「如果能吸引人們在緊張的通勤時間中依舊為此停留二秒，就已經成功了。」

　　其實在打卡心理的背後，隱藏著另一個動作，那就是「將照片發到社交網路上」，而這種受眾行為正是行銷活動實現「自傳播」的關鍵，甚至不需要獎品的激勵。在這個受眾對

＊人設是網路用語，指人物形象設計、人物設定。

廣告行銷訊息早已免疫的時代，提供一個體驗的場景，構建與受眾交流互動的軟空間，或許比喧賓奪主的情緒行銷更優雅而有效。

告別程式化，製造 Wow Moment

「Wow Moment」（哇哦時刻）是指受眾驚喜並發出感嘆的時刻。市場行銷學權威菲利普‧科特勒（Philip Kotler）認為，在資訊超載、注意力稀缺的時代，行銷必須為受眾創造意外和驚喜。

有三個因素可以構成 Wow Moment：

❶ 要讓人驚訝。當某人對某件事有一定期望值，而結果超出這個值時，他就會發出驚嘆；

❷ 能觸發個人的體驗。個人深藏的需求一旦得到滿足也會引發 Wow Moment；

❸ Wow Moment 是有傳播性的，經歷了 Wow Moment 的人會自主向他人傳播這一資訊。

泰國內衣品牌 Sabina 曾經為 Doomm Doomm 系列拍攝一支腦洞大開的廣告片，把天堂描述成一間辦公室，處理著人類的所有活動：「許願寶」團隊負責人類的許願；「報應」

團隊負責懲罰小人，比如對「有外遇、交友複雜、愛搞曖昧又滿嘴謊話」的男子處以「一道雷劈」的懲罰……而片中主角，負責「造人」的普羅米修斯，則是人力資源部的負責人。

普羅米修斯奉行「藝術是急不得的」的理念，但面臨情人節帶來的 20 萬人口激增時，也變得手忙腳亂起來，這導致有的「作品」變得不那麼完美。

短片的最後，一位對普羅米修斯的「手藝」不滿意的漂亮女孩，購買了一件 Sabina Doom Doom 內衣，並告訴觀眾「不用靠老天也能很豐滿」。當普羅米修斯質問「是誰讓你們拍這種片子」時，女孩說：「是神啊。」「哪個神？」「顧客。」

這樣的神結局就能製造 Wow Moment，並且讓受眾忍不住轉發、分享給自己的朋友，這支短片僅在微博上就有 1235 萬次播放，而且因為劇情與產品的高度關聯，讓受眾看完短片後對產品也能產生較深的記憶。

拒絕標籤，歡迎「微標籤」

文案往用戶身上粗暴貼標籤的時代已經過去了，然而這並不代表標籤已經完全失效。用戶透過向他人、向外界展示自己，尋求認同和正向回饋是自然而然的需求；他們之所以對標籤反感，心理根源是「我不想和別人一樣」，不想讓自

己的性格和別人趨同，這是一種對個性泯滅的恐懼。

如果換作描述細緻、與他人重合度較小的「微標籤」（microlabel），就既能彌補普通標籤粗糙的缺點，又能讓用戶較為輕鬆和清楚地向外界展示自己的個性。給用戶提供微標籤，是近期多個行銷案成功的關鍵。

如果觀察仔細，我們會發現近年洗版的多個測試類 H5*，都是在利用了用戶「愛晒愛秀」的心理的同時，也用到了「微標籤」這個技巧，透過數量足夠多並且能夠形成多樣化組合的文案，為用戶勾勒出不容易與別人「撞籤」的畫像。

網易雲音樂的測試類 H5「個人使用說明書」，透過讓用戶聆聽六種聲音，生成對用戶的個性描述，例如「×× 吃得愈少，愈會變胖」、「要定期給予 ×× 餵食，他相當單純」等。

單從文案來看，或調侃或常規，並沒有格外引人注目之處，但它的巧妙之處就在於，一共準備了 66 組不同的文案，意味著可以組成 4 萬多份「不撞籤」的個人使用說明，告訴用戶「你是特別的，和別人不一樣」。在這樣的心理作用下，用戶極易產生分享、轉發的衝動，主動為自己貼上微標籤。

---

* H5：行銷術語，是一種適合行動端的網頁形式。H5 頁面可用來製作專題報導，或用於宣傳活動、請用戶填寫問卷或玩互動遊戲等。

而網易新聞的洗版 H5「睡姿大比拚」，則將微標籤圖像化，透過足夠多樣化的組成素材，讓用戶可以生成自己專屬的「睡姿」和「生活圖景」。

為了滿足用戶多樣化的個性展示需求，H5 中僅放置在床上的小物件就有多達 27 種選擇，為用戶的微標籤自創作提供了巨大的發揮空間。

模仿律法則：釋放受眾「種草」本能

如果留心就會發現，如今，諸如「網紅餐廳」、「網紅飯店」、「網紅面膜」、「網紅打卡地」等說法愈來愈普遍了。任何商品、服務、體驗，只要加上「網紅」兩個字的前綴，都很容易讓受眾「種草」*。

對網紅產品的迷戀，對種草和「拔草」*（指產生購買行為）的享受，是新時代消費者的一大特徵。法國社會學家塔

＊種草是網路用語，「草」泛指強烈的購買欲。種草是心裡對某樣商品有了購買欲望或計畫，也指在消費時會考慮 KOL、網紅的意見，購買他們推薦的商品，類似「業配」的意思。

＊拔草是網路用語，有兩個意思。一是打消原本想要買的念頭，拔除了購買欲；另一個意思是將一直想買的東西買了下來。

爾德（Gabriel Tarde）曾在其著作《模仿定律》（*Les lois de l'imitation*）中提出過一個觀點：模仿是最基本的社會關係，社會是由相互模仿的個人組成的群體，人的每一種行動都在重複某種東西。

塔爾德的模仿定律可以解釋為什麼大眾更容易迫切想買網紅產品，它們是擁有各種背書的、經過驗證的、擁有良好口碑的絕佳模仿對象。就像戴森（Dyson）Supersonic 吹風機，在各種推薦文中被塑造為優雅中產階級生活的標配，購買它則可以視作對這種生活狀態的追求與模仿，受眾會認為「購買了 Dyson Supersonic 吹風機，我就過上了優雅精緻的生活」。

值得關注的是，電子支付和電商的發達，已將種草到拔草之間的過程大大簡化了，對於那些單價較低的商品，從種草到拔草甚至只需要短短幾分鐘的時間。

這個時候，如果能在商品文案中強化模仿定律的作用，對受眾進行心理暗示，則可能達到事半功倍的效果。例如，在許多種草貼文中，都能看到「它在 IG 紅得不要不要的」、「時尚格主力推」等字眼，這就是在悄悄使用模仿定律，釋放受眾種草力的技巧。

在瞭解了新媒體時代的傳播邏輯,以及受眾的認知模式、情感偏好後,文案還必須避免「叫好不叫座」的情況;畢竟,誰也不希望受眾在看完內容後稱讚「這個廣告真棒」,而不是「這個產品真棒」。

在新媒體時代,按以下四個關鍵詞行事,會大大提高你的傳播力。

使用高度關聯的刺激因素

新媒體時代,行銷人員很容易陷入喧嘩的眼球爭奪戰之中。人人都知道,想要吸引受眾的目光,就離不開刺激因素。蹭熱點、「標題黨」、打擦邊球都屬於尋找刺激因素的行為。

然而,如果刺激因素使用不當,往往只能引起受眾對刺激本身的興趣,而忽視品牌或產品想要傳遞的訊息。

> 刺激因素使用不當,往往只能引起受眾對刺激本身的興趣,忽視品牌或產品想要傳遞的訊息。

Colortrac 牌電視機曾在廣告中用了一位衣著保守的模特兒,透過眼球追蹤儀發現,觀眾注視這個廣告的時間非常長,

並且在 72 小時後仍有 36% 的觀眾記得品牌名字。

另一款同類產品則在廣告中使用了穿著性感的女郎，眼球追蹤儀顯示這個廣告也相當引人注意，然而由於刺激因素過強且與品牌關聯度低，72 小時後只有 9% 的觀眾還記得品牌名稱。

因此，無論品牌如何想要蹭熱點或是嘗試腦洞大開的行銷新玩法，都必須遵循刺激因素與品牌高度關聯的原則。

當其他品牌還在投放傳統的電梯燈箱廣告時，網易嚴選卻把北京國貿辦公大樓裡一個 $3m^2$ 的電梯車廂裝飾成了一個家居空間，可謂玩出新花樣。然而這次行銷最妙的地方不只是其腦洞，更是它傳遞出的品牌宗旨：好的生活沒那麼貴。房子小、沒錢、沒時間都不應該是生活不精緻的理由，即便是狹小的電梯車廂，網易嚴選也能將它變得溫馨漂亮。

這樣的行銷，才不會讓受眾在看完熱鬧之後，只記住熱鬧本身，而是能清晰地感知品牌的存在。

讓用戶成為精神股東

樂事（Lay's）旗下休閒零食品牌菲多利（Frito-Lay）在開發一款新型樂事洋芋片前，並沒有諮詢眾多專家的意見，也沒有張羅市場調研收集用戶意見，而是上線了一款 Facebook 應用程式，讓網友填寫自己偏愛的洋芋片產品名字，

以及希望的配料，並將這些資訊作為新產品製作的參考。

社交網路的出現，讓行銷人員得以拆掉阻隔在品牌和用戶之間的牆，並且透過交流，獲得他們的信任，建立起品牌的號召力和忠誠度，把他們變成企業的「精神股東」。

類似菲多利這樣的行為，能夠讓用戶在產品誕生之前就參與「養成」，讓用戶更容易成為品牌的精神股東。

發動 Meformer 的力量

羅格斯大學（Rutgers University）的一項研究表明，社交網站上的用戶一般分為兩派，一派是 Informer，即資訊分享者，這類用戶偏愛分享社會新聞或乾貨知識類的資訊，他們約占用戶總數的 20%。

另一派則是 Meformer，即自我資訊者，他們分享的內容大多是與本人生活、情緒、感情關聯度高的內容，這部分用戶占據了用戶總數的 80%。

這也可以解釋，為什麼在新媒體環境下，那些接地氣的內容更容易獲得可觀的流量。在確保行銷訴求清晰的前提下，盡可能地發動 Meformer 的力量，能給行銷帶來更大的聲量。

比起轉發抽象的概念、創意、文章，Meformer 更喜歡分享那些日常生活中能給他們帶來小驚喜的東西。當你看到一杯粉紫色或者一瓶透明的星巴克咖啡時，你會怎麼做？

許多人的第一反應無疑是拍照發朋友群組。星巴克的獨角獸星冰樂（Unicorn Frappuccino）、無色透明的 Clear Coffee，就透過滿足用戶的少女心或獵奇心，取得了夯爆社交網路的效果。

後真相時代，縮小情緒顆粒度

「後真相」（post-truth）是《牛津英語詞典》（*Oxford English Dictionary*）2016 年的年度詞彙，意思是：客觀事實對公眾意見的影響，不如情感或個人信念的影響大。

在新媒體時代，人人都有生產、傳播內容的權利，那些能夠觸動受眾內心情感按鈕的內容，在傳播上具有極大優勢。

「促使人們產生某種情感，這可能是一種操縱，也可能是一種藝術，或更可能居於兩者之間。」

但行銷人都必須清楚，在新媒體時代，受眾情緒的顆粒度可以很小；不僅是憤怒、悲痛、感動這樣宏大、劇烈的情緒可以打動他們，更多時候，抓住受眾一些微小的情緒，更容易擄獲他們的內心。

家居品牌 HOLA 特力和樂曾推出一支題為「千萬不要相信想你想得睡不著的人」的短片，上一個鏡頭是女主角抱著男主角說：「你不在的時候，我想你想得睡不著。」下一個鏡頭卻是女主角在鋪滿 HOLA 用品的大床上呼呼大睡。

比起那些宣揚男女真摯動人感情的廣告，這種帶點吐槽、調侃性質的廣告更容易引發受眾情緒的共鳴，畢竟每個人對自己的伴侶都有一個吐槽清單，這樣的情緒雖然談不上宏大，卻更親民，讓人更有分享的衝動。

在喧嘩又躁動的新媒體時代，文案的追求和玩法都在發生巨大的變化，舞臺和聚光燈漸漸都轉移到了受眾那邊。使用與品牌高度關聯的刺激因素，培養用戶成為品牌的精神股東，發動 Meformer 的力量，縮小情緒顆粒度，我們才有更大機率做出自帶傳播力的內容。

8. 好的標題是內容成功的一半

這是一個「資訊微縮」的時代。

在報紙、雜誌和電視節目盛行的那些年，受眾習慣拿出整塊的時間，沉浸式地接收資訊；但進入手機時代後，人們隨時隨地都可以獲取海量內容，受眾的時間和注意力早已被撕扯成一塊塊碎片。

想要贏得受眾的注意力，文案就必須在細小的碎片中生長。一個亮眼的標題，在提升點擊率，進而提升轉化率方面，扮演著日趨重要的角色。寫標題的能力，已經成為衡量文案工作者、新媒體經營者實力的重要指標。

如何寫出高點擊率、高轉發率的標題？

想要寫出一個叫好又叫座的標題，我們首先需要明確，一個好標題和一個壞標題有哪些區別？

壞標題有兩種，一種平平淡淡，讓人毫無點擊欲；另一種虛張聲勢，能吸引人點擊，但標題下的內容卻驢唇不對馬嘴，俗稱「標題黨」。標題黨很危險，它會讓受眾覺得自己被騙了，他們的好奇心會立刻轉化為憤怒的情緒。

而一個好標題則基於對文章內容的巧妙提煉，它就像烤肉攤小哥往羊肉串上撒的那一撮孜然，能將路過的人吸引到面前來。

置內容、分發平台於不顧，分開來談論標題，是一種不負責任的行為。在下面的內容中，你將看到不同類型內容的標題技巧，以及不同媒體平台的受眾更喜歡什麼樣的標題。

接下來，我們將內容分為情感／勵志類、時尚／娛樂類、生活／美食類、科技／資訊類、知識類這五大垂直領域，分享針對這五類內容寫出好標題的技巧。

情感／勵志類內容

情感／勵志類內容的首要職責，就是幫助受眾宣洩情緒，情感／勵志類內容標題的職責也同樣在此。如果你研究過一些情感類 KOL 帳號的標題，你就會發現它們都在十分盡職地

做著這件事情。

　既然要宣洩情緒，那麼標題通常需要觀點鮮明，最好非黑即白。

★技巧一：受眾本位
　先來看看下面這些閱讀量爆表的標題：

秒回的人，太可愛了——思想聚焦

有事直說，別問「在嗎？」——卡娃微卡

　這些標題的相同點是字數較少、語法簡單，很多直接採用了對話體。這類標題的訣竅在於，完全站在受眾的角度，說他們的心裡話，無須進行包裝。優勢在於，受眾一眼看到標題時，心中都會出現一些想提及的人，而這種心理對提升點擊率和轉發率非常有利。

★技巧二：挑戰常識＋製造二元對立
　常識是「復禮克己」，反常識則是「縱容自己」，你說受眾更願意點擊哪種標題？來感受一下：

你這麼懂愛情，一定沒談過戀愛吧──不二大叔

誰規定女人一定要活成「賢良淑德」的模樣？
──靈魂有香氣的女子

為什麼說姐弟戀是白頭偕老的標配──談心社

上面幾句標題，都打破了人們的常規認知，無論受眾是否認同標題所體現出的觀點，都很難抑制想要一探究竟的衝動。在標題寫作上，有時需要刻意構建二元對立的因素，比如上述標題中的「懂愛情」和「沒談過戀愛」。有的對立是隱性的，有的對立是顯性的，可以嘗試著從不同角度塑造出這種對立和矛盾。

★技巧三：懸念＋利益點

這類受歡迎的標題，往往以長者的口吻，循循善誘，為受眾揭露生活的真相和幸福生活的竅門。

長相中等的姑娘如何進階到「美」──蟬創意

為什麼說中國流浪漢才是生活藝術家？──公路商店

這件小事讓上億人睡不好，其實三個方法就能解決
——丁香醫生

　　這類標題的常用技法，是利益點明確，讓受眾明白看完後能得到什麼樣的資訊，同時製造懸念，吸引點擊。如果沒有明晰勾人的利益點，單純地去談製造懸念的技巧，無疑是一種徒勞。

時尚／娛樂類內容

　　時尚／娛樂類內容，是對平凡生活的一種抵抗。
　　平凡的對立面是什麼？故事。
　　故事有起伏的情節、有懸念，能滿足人的好奇和獵奇心理；而具有這些元素的標題，就很容易被受眾的手指戳中。

★技巧一：人稱代詞＋時間軸＋反轉

　　這類標題多以第三人稱代詞「他／她」起頭，並一氣呵成地按時間順序講完這個人一生的跌宕故事。受眾基本上一看到這類標題就能知道內容的梗概，但唯獨不知道這人是誰。比如：

他是梁啟超最愛，美國洗碗拿到博士，中國同學造導彈打中國，他造導彈保衛祖國——金融八卦女

在內容符合事實的前提下，愈戲劇化、愈反轉、愈勵志，就愈好。

★技巧二：懸念＋資訊階梯

在內容品質過關的前提下，能勾起受眾好奇心和窺探欲的標題，就是好標題，比如：

揭祕一家融資 4 億的遊戲出海平台，馬雲、馬化騰、史玉柱等大佬都在投資——娛樂資本論

商家絕對不會告訴你的事實：我們用三個月測評了 15 款掃地機器人後發現……——清單

什麼樣的包，真正禁得起時間考驗——黎貝卡的異想世界

跟風買這些口紅，你只會愈來愈醜——YangFanJame

這類標題都透過懸念成功製造出資訊階梯，即寫作者掌握著閱讀者不知道的祕密，轉發這條訊息的人掌握著只讀了標題的人不知道的真相，從而提升了點擊率和轉發率。

生活／美食類內容

生活／美食類內容的標題，首要職責是用文字活靈活現地描繪出勾人的顏色、味道、溫度、觸感，營造出感官上的吸引力。

★技巧一：滿足多種感官

神奇的牛軋糖蔥香米餅，一口咬下 54 層——美食台

怎樣一口吃掉 9 朵玫瑰和 15 朵茉莉——美食台

薄如蟬翼的金華火腿，每一口都是時間的味道——一條

1.5 斤新鮮甘蔗濃縮成一顆糖：它懂你不能說的
——ENJOY 美食

集蘋果、梨、棗三種風味於一身，這果子有點鮮——下廚房

上面一組標題，都是在談食物的風味，卻都沒有使用描述味道的形容詞，而是用一些具象的名詞來激發畫面感，讓人印象深刻。比如形容蔥香米餅，不用「薄脆」，而用「一口咬下 54 層」；形容鮮花餅，不用「清香」，而用「吃掉玫瑰和茉莉」，讓視覺和味覺產生聯動。

★技巧二：尋找背書

人們對於有來頭的東西總是格外感興趣，也更願意一探究竟，這就是背書的力量。比如：

從矽谷火到中國，每三秒就賣一個，用過這款榨汁機，你不想碰其他的──撕蛋

我們找來了國內最有名的侍酒師，給你選了一瓶波特酒──企鵝吃喝指南

上述標題中，銷量、專業人士認可等都是讓標題增加分量的方式；另外，名人的推薦也是一種常用的方式。

★技巧三：形而上的提煉

對很多人而言，吃什麼、用什麼的關鍵不僅在食物、器物本身，還在於它們能營造出的一種生活氛圍，俗稱「××代表著 ×× 的生活態度」。比如：

吃掉一隻優秀的小龍蝦，就抓住了南京的夏天
　　——企鵝吃喝指南

憋了一個冬天，老夫的少女心被這口小甜水喚醒了
　　——企鵝吃喝指南

只要鍋子還在噗嚕噗嚕，心情就不會 blueblue
　　——艾格吃飽了

一顆懶蛋蛋，解救你的冬日焦慮症——ENJOY 美食

現代人有太多「病症」需要治癒：失眠、焦慮、抑鬱、頹喪、社交恐懼、尷尬癌……現代人有太多心理需要被滿足：文藝心、玻璃心、逃離心、少女心、公主心、女王心……標題中出現與此相關的字眼，點擊率也會更有保障。

★技巧四：比較法

比起天花亂墜的描述，比較法是省字又管用的一種技巧：

吃過這枚鳳梨酥，其他的都是將就——艾格吃飽了

它甜過世界上 99% 的水果，慕斯般口感好迷人——下廚房

生理期用這 10 件小物，比紅糖水管用 100 倍——IF

在標題裡透過比較，放大產品某一方面的特點，看上去似乎有點誇張，卻不至於浮誇，讓受眾有了進一步瞭解的欲望。

科技／資訊類內容

這類內容中，有一些是新聞屬性較強的，比如某權威人士的新發言、某大廠的新動作等，這類內容的標題只要把相關關鍵詞都放進去，就已經足夠吸引目光。除此以外，想要用標題給內容添彩，也有一些技巧。

★技巧：列數字

這一類標題中往往含有一組或多組數字，比如：

追蹤了 783 家創業公司 5 個月，分析了 64.7 萬條數據，我們發現了 10 個有趣的現象——虎嗅網

YY 的海外故事：1 年 3000 萬月活*、估值 4 億美金的直播平台，能有怎樣的想像——36 氪

逃離小程序：60% 用戶回歸 App，70% 開發者欲放棄開發——鈦媒體

數字的準確、直觀，容易給人一種專業感和權威感。

知識類內容

知識類內容必須要有資訊增量。此類內容的標題中，就必須明確地體現這一點。

---

*月活，即月活躍用戶數（monthly active users）。

★技巧：化繁為簡

一篇文章為何能引爆朋友圈？受眾主動轉發背後的八個內容傳播規律——饅頭商學院

一篇長文，讀懂「10 萬＋」標題的全部套路——烏瑪小曼

這四個靈魂問題，解決你 80% 的困境——LinkedIn

看到上面這組標題，你是不是還沒看內容，就快要抑制不住想收藏和轉發的心情了？它們的共同特點在於，將內容包含的知識進行了高度簡化提煉，讓受眾一眼看上去心理負擔很小，諸如「八個規律」、「一篇長文」、「四個問題」，讓受眾感覺只要付出些微努力，就可以有很大收獲。

我　的　心　得　筆　記

Chapter 8

銷售力

叫好更要叫座

根據消費者面對不同商品時的心理動機及決策過程中的參與度，
可將商品歸入四大象限。
位於不同象限的商品，需要使用不同的文案寫作策略。

「10 萬＋」，是無數文案工作者和新媒體經營者渴望攻克的一塊高地，可是在熱鬧的背後，有很大一部分從業者正在面臨「如何提升文案購買轉化率」這個難題。文案讓人「叫好」固然能使創作者臉上有光，但文案能「叫座」才是商業世界真正不變的追求。

> 文案「叫好」能使創作者臉上有光，但文案能「叫座」才是商業世界真正不變的追求。

事實上，要實現高轉化率，需要的並不只是文案這一個環節的助攻，它與整個行銷策略、銷售策略、價格策略等因素都密不可分。文案只是最末端的一個環節，是依據這些策略制定的。

對於一名文案工作者而言，想要寫出高轉化率的文案，就不得不將你的工作往上游延伸，透過三個步驟，運用更多理性分析，提煉出更具吸引力的文字。

1. 分析產品屬性，選對溝通策略

是不是只要文案上了心，就能讓消費者買單？

當然不是。

現實是，消費者也許願意看到汽車、時裝品牌等能宣揚自己的態度和個性，但並不想聽到一片 OK 繃、一顆電池和一臺微波爐也大談情懷；在大部分情況下，消費者對它們的需求只是做好一款本分的產品而已。

不同類型的產品，需要用不同的方式去與消費者進行溝通。對此，美國學者曾根據消費者面對不同商品時的心理動

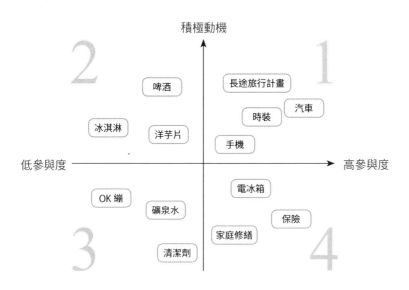

機及決策過程中的參與度，將商品歸入四大象限，如左頁圖片所示。

屬於第一象限的產品，例如汽車、長途旅行計畫、時裝等，消費者在針對它們做出購買決策的過程中往往會投入較多的精力，會花大量的時間去研究產品、獲取資訊，而且這種投入的動機是積極的，過程也是比較愉快的。想像一下你在挑選新車或者制定旅行攻略時的心情，那一定不會是糟糕的。

位於第二象限的產品，例如啤酒、冰淇淋等，因為單價低，消費者在做出購買決策時投入的精力較少，但這類產品本身能讓消費者享受樂趣，所以消費者購買它們的動機是積極的。對位於第三象限的產品，例如 OK 繃、清潔劑等，則投入精力較少，動機也是相對消極的。

而對於第四象限的產品，例如電冰箱、保險等，雖然消費者在制定購買決策時也會投入較多精力，但其動機卻是相對消極的，購買需求是為了解決某個實際的問題而產生的，其決策的過程通常是理性的，談不上能從中獲得樂趣。

對於位於積極動機象限的產品，消費者在決策時通常會摻雜許多感性的訴求，而對於位於消極動機象限的產品，在決策時則多以理性的分析為主。

不同象限產品的文案寫作，需要採取不同的溝通策略。

對於「高參與度—積極動機」象限的產品，文案要創造出與品牌個性高度關聯、較為深刻和牢固的情感，並讓它成為消費者生活價值觀的一部分。

對於「高參與度—消極動機」象限的產品，文案需要提供有邏輯、有說服力的理由，尤其應該提供與同類產品對比的優勢。

對於「低參與度—積極動機」象限的產品，文案需要著重表現某種情感屬性，喚起消費者對廣告的情感偏愛。

而對於「低參與度—消極動機」象限的產品，文案的目標是引起消費者的嘗試性購買。

總體來說，靠近「高參與度—消極動機」的產品，理性成分愈多愈有效；靠近「低參與度—積極動機」的產品，情感訴求成分愈多愈有效。

> 靠近「高參與度—消極動機」的產品，理性成分愈多愈有效；靠近「低參與度—積極動機」的產品，情感訴求成分愈多愈有效。

比如寶馬（BMW）MINI 就位於「高參與度—積極動機」象限，其廣告文案也注重創造品牌個性，並且注重品牌個性與消費者情感的聯結。

其一組名為「我屬 MINI」的廣告文案中，將產品塑造成了一個古靈精怪、我行我素，同時性情直爽、喜歡交際的人格化形象，讓目標客群能在這種形象中產生自我映射，引起目標客群的共鳴：

天馬行空，不如和我去仰望星空。

我要開門見山。

自己方便，也與人方便。

而位於「低參與度─積極動機」象限的可口可樂，則一直以「昵稱瓶」、「社交瓶」等策略，更巧妙地滲透到消費者的內心世界，加深與它們的情感聯結，並透過 hello happiness 電話亭裝置等，塑造出快樂又溫馨的品牌形象，喚起消費者對品牌的情感偏愛。

2. 洞察消費者心理，提升溝通效率

在分析完產品、選對溝通策略之後，文案的大方向就不會出錯了。接下來，我們需要解決的就是洞察消費者心理，

從而提升溝通效率的問題。

在上一個步驟中，我們知道了對於不同類型的產品，廣告在影響消費者決策時滿足的訴求是不同的。消費者的訴求可分為理性訴求和感性訴求兩種，針對它們各自有哪些提升溝通效率的要點呢？

理性訴求

滿足理性訴求的關鍵是給消費者提供有價值的、具體的資訊，這些資訊必須客觀、可信、有邏輯性，並且主要是側重於對功能性、實用性的描述。對文案工作者而言，針對這一訴求，在寫作中有以下原則，可以提升轉化效果。

★第一，多用數據，忌含糊。

想要更好地說服理性的消費者，不妨在「深受歡迎」後，加上「百萬用戶的共同選擇」；在「銷量火熱」後，加上「平均每分鐘售出 100 瓶」；在「極致口感」後，加上「給每隻作為食材的章魚按摩 40 分鐘」……數據的存在會讓含糊的概念擁有客觀的衡量標準，增強文案的可信度和說服力。

雲端運算平台「騰訊雲」的宣傳片，文案是這樣寫的：

好文案，都有強烈的畫面感

過去一年裡，

他 307 次加班至深夜，

他服務 8 億 6000 萬名用戶，

他歷經 1 萬 4200 次漲跌，

他在 3 億 4500 萬次調度背後……

　　這組文案透過數據的羅列，寫出了騰訊雲幕後工程師的付出，也表達出為他們提供雲端運算能力的騰訊雲的實力與付出。這樣的文案寫作方法尤其適合「高參與度─消極動機」象限的產品及 ToB 領域的產品。

★第二，尋找第三方背書。

　　《心理學理論怎麼用：傳播心理學》一書中說：「中立的第三方是公眾感知理性化的關鍵因素。」比起廣告商，消費者顯然更願意相信客觀中立、沒有直接利益關係的第三方機構。

　　從效果來看，第三方機構的可信度和說服力呈正相關（positive correlation）。目前，各類「開箱」評測日益流行，不僅有手機評測、吹風機評測、洗臉機評測，甚至還有洋芋片評測、粽子評測……開箱給評價的大行其道與深受歡迎，就是這一原理的體現。此外，吸引力長盛不衰的「明星同

款」、「國外爆款」、「國人瘋搶」也是同理。

★第三，歸納資訊點，降低受眾理解成本。

如果你試圖說服一位理性的受眾，只把一堆雜亂無章的資訊堆到他面前是遠遠不夠的。為了讓受眾可以更輕易地獲取我們想要傳遞的核心訊息，我們需要把零散、混亂的資訊梳理清楚，降低他們理解、消化資訊的成本。

通常的做法是，把資訊按照不同的主題或者邏輯層次進行歸納。比如當你要撰寫一篇旅遊攻略時，你需要按照景點、交通、酒店、貨幣等不同的主題進行資訊歸納，這樣受眾就可以方便地查閱資訊，輕鬆地獲取自己想要的資料。

感性訴求

滿足感性訴求主要透過影響消費者的情感、情緒，引起他們的共鳴，進而使其產生認同。感性訴求又分為正面情感訴求和負面情感訴求。

正面情感訴求主要利用人的正面情感，比如愛情、友情、親情、夢想等，喚起消費者的愉悅，並將這種愉悅延伸至產品，形成對產品的好感。

而負面情感訴求則相反，它主要利用人的憤怒、恐懼、不安等情緒吸引目光，並產生強烈的衝擊力，讓消費者形成

深刻的印象。

對文案而言,利用正面情感訴求的風險較小,利用負面情感訴求雖然可發揮的空間較大,但不太容易拿捏尺度;尺度過大就容易挑戰消費者的心理承受力,招致消費者的反感,和預期結果背道而馳。

> 對文案而言,利用正面情感訴求的風險較小,利用負面情感訴求雖然可發揮的空間較大,但不太容易拿捏尺度。

比如奧美就有一組題為《我害怕閱讀的人》的長文案,透過激起受眾對無知的恐懼,達到激發人們閱讀的效果:

我害怕閱讀的人。一跟他們談話,我就像一個透明的人,蒼白的腦袋無法隱藏。我所擁有的內涵是什麼?不就是人人能脫口而出、遊蕩在空氣中的最通俗的認知嗎?像心臟在胸腔的左邊,春天之後是夏天,美國總統是世界上最有權力的人之一。但閱讀的人在知識裡遨遊,能從食譜論及管理學,從八卦周刊講到社會趨勢,甚至空中躍下的貓,都能讓他們對建築防震理論侃侃而談。相較之下,我只是一臺在 MP3 時代的錄音機:過氣、無法調整。我最引以為

傲的論述，恐怕只是他多年前書架上某本書裡的某段文字，而且，還是不被螢光筆畫線注記的那一段。

這組文案中，「透明的人」、「蒼白的腦袋」等詞彙，讓人聯想到一個不愛閱讀的人，在飽讀詩書之人面前捉襟見肘的窘迫模樣，而只有那些熱愛閱讀的人才能擺脫平庸，對世界擁有精采有趣的認知。

這組長文案就是利用負面情緒行銷的一個比較成功的案例。在利用負面情緒進行行銷時，斟酌尺度非常重要，因為不是所有人都願意面對真相，願意談論「房間裡的大象」*，這也是迎合負面情緒訴求的風險所在。不過，在可以觀察到的範圍內，迎合負面情感訴求已經呈現出日益流行的趨勢。

3. 提供競爭性利益，打磨文案技巧

在瞭解了產品、消費者之後，我們還需要提煉出一種「關鍵利益」，促使消費者購買你的產品，而非競爭對手的產品，

＊出自英文慣用語 an elephant in the room，比喻明顯存在一個人人都能意識到的重大問題或處境，卻沒有人願意拿出來討論。

這種關鍵利益就叫「競爭性利益」。在這個階段，文案的作用開始突顯。

在《整合行銷傳播》（*Integrated Marketing Communications*）一書中，舒爾茨（Don E. Schultz）是這樣定義「競爭性利益」的：

★它必須是一種利益，可以解決消費者的問題，
　最好是改善消費者的生活
★必須只有一種利益
★必須是競爭性的，是「比之較好」的競爭框架
★必須不是一種口號或廣告語
★必須是一個句子

要理解競爭性利益，首先要區分產品屬性和產品利益。產品利益是指「產品對消費者意味著什麼」；一般而言，消費者並不關心你的產品裡有什麼，而是關心「它對我有什麼作用」。就像一個廣告人曾總結的那樣：「在商場裡，我們賣給女人們的不是化妝品，而是青春。」

一般而言，消費者並不關心你的產品裡有什麼，而是關心「它對我有什麼作用」。

就像小米 6 手機在它的線下廣告中，為消費者呈現的競爭性利益就是「拍人更美」，而非「變焦雙攝相機」或「性能怪獸」。因為一般消費者更關注手機能給自己帶來什麼，而不是產品本身具備什麼優勢。

　　只有對產品、消費者、競爭產品等各個要素進行了透澈的分析，選對溝通策略，確定訴求方式後，文案才可能提煉出直指人心的競爭性利益，從而完成漂亮的臨門一腳，促進轉化率的提升。

　　除了上述三個技巧，想要文案能「叫座」，還需要妥善處理四個關鍵點：產品定位、產品功能、使用場景、產品價格。撰寫產品文案的最大難點，在於既不能讓它像品牌文案那樣縹緲，又不能淪為一份枯燥、晦澀的說明書。針對這四個要點，運用不同的策略和技巧，才能正確地「翻譯」產品資訊，讓文案成為引發消費者購買衝動的誘餌。本章的第四至第七節，就為您介紹引發消費者購買衝動的四個關鍵點。

4. 產品定位：利用對標物，逃離知識的詛咒

　　初級的產品文案常犯的一個錯誤，就是下意識地認為消費者對產品的認知和自己處在同一水準。但實際上，文案工作者在「消化」產品簡介時，已經積累了大量關於產品的資

訊，但消費者對產品卻是完全陌生、一無所知的。

《黏力》一書的作者將這種情形叫作「知識的詛咒」（curse of knowledge）：如果我們對某個對象很熟悉，我們就會很難想像在不瞭解它的人的眼中，這個對象是什麼樣子，我們被自己所掌握的知識「詛咒」了。

在知識的詛咒下，產品文案要嘛語焉不詳，要嘛晦澀難懂，這導致它們很難解決一個基礎問題：這個產品到底是什麼。因此，我們在描述產品時，要盡量避免抽象、專業的詞彙，為產品尋找「對標物」（基準指標），用大家已經認識、熟悉的物品去描述一個陌生的產品。

> 盡量避免抽象、專業的詞彙，而是用大家已經認識、熟悉的物品去描述一個陌生的產品。

例如，在無人機作為消費品尚不被大眾熟知的階段，大疆（DJI）航拍機公司推出 Phantom 系列產品時，就巧妙地寫出了「會飛的照相機」這樣的定位語，利用照相機這樣一個大眾已經熟知的物品作為對標物，同時加上定語「會飛的」，會讓用戶在腦海中對其兩個重要功能形成印象，知道這個產品可以像個會飛的照相機那樣飛到空中，拍出不同尋常的鳥

瞰照片。

　　如果你研發了一款智慧相框，主打功能是可以及時上線全球各大熱門展覽，你會怎麼給它寫宣傳語？ ArtTouch 智慧相框就將產品定位為「客廳裡的博物館」，利用客廳和博物館這兩個大眾熟知的概念，讓消費者意識到這個產品能讓自己足不出戶就能看到全球熱門展覽，就像把博物館搬進了自己家的客廳那樣。

5. 產品功能：降低理解成本，愈具體愈好

　　與大部分文案不同的是，產品文案需要的不是金句，而是「精句」，即用最少的字把資訊傳遞清楚。懶惰是用戶的天性，無論他們是否已經對我們的產品產生興趣，最大程度降低他們理解資訊的成本總是沒錯的。一般而言，文案的用詞愈具體、簡單，訊息傳達的效果愈好。

> 產品文案需要的不是金句，而是「精句」，就是用最少的字把資訊傳遞清楚。

　　網易嚴選在描述一款面紙時，就用了「一紙三層」這種

具象的文案，來表達紙張柔韌這個特點，用「五張紙可吸乾半中杯（100ml）淨水」，來體現「強力吸水、用紙更節約」的優點；沒有複雜、專業的詞彙，就將產品的特點描述清楚了。

6. 使用場景：場景有正負之分，細節是靈魂

對產品使用場景的描述可以分為兩大類，一類是「如果擁有這個產品，你會如何舒心」，另一類是「如果沒有這個產品，你會如何糟心（煩心）」。文案工作者所要做的工作，就是描繪好這兩種場景中的一種，讓消費者產生「代入感」（empathy，移情／同理心），從而引發購買行為。

場景的重要性許多人都知道，但如何寫出具有代入感的場景卻是一個難題。《百年孤寂》（*Cien años de soledad*）的作者馬奎斯有一個寫作訣竅：當你說有一群大象飛在空中時，人們不會相信你，但你說有 425 頭大象在天上飛，人們也許就會相信。

也就是說，細節的多寡決定著你的文案是否具有代入感；細節愈豐富，消費者在腦中勾勒出的畫面愈清晰，也就愈容易產生代入感。

場景細節愈豐富，消費者在腦中勾勒出的畫面愈清晰，也就愈容易產生代入感。

　　如果你要賣出一個牛排煎鍋，比起描述鍋體材質，更重要的是描繪吃牛排的美妙感受。網易嚴選就透過一組充滿細節的文案，勾起消費者對牛排的食欲：

鑄鐵源源不斷的熱量
曼妙的美拉德反應*
為牛排催生出 100 多種肉香
粗海鹽區分了層次感
出鍋時，油已被瀝幹
這是星期五，犒勞自己的晚餐

　　美拉德反應、100 多種肉香、粗海鹽、星期五……這些細節構建起一場被牛排守護的美好晚餐場景，而這絕不是一句空洞的「牛排美味多汁」可以比肩的。

---

*美拉德反應或譯梅納反應（maillard reaction）。煎牛排的時候，牛肉散發出的香氣和表面形成的深褐色脆皮，即來自梅納反應。

除了描寫正面愉快的場景，很多時候文案更聚焦於描述負面的痛苦場景。畢竟產品帶來的美好享受尚需要用力去想像，但痛苦卻是人們親身經歷過的。

忘記帶鑰匙是幾乎每個人都體驗過的煩惱，360 智能家（智慧家居產品）在其安全門鎖的產品海報中，就透過描繪忘記帶鑰匙帶來的尷尬場景，讓消費者產生代入感，意識到能用指紋開門的方便。

海報透過一組充滿細節的人物設定（年輕插畫師、CEO、退休老人等），讓不同年齡、職業的消費者群體都能從中找到共鳴，突顯 360 安全門鎖「鑰匙就是你自己」相比於傳統門鎖的優勢。

提起負面場景，文案大神尼爾·法蘭奇（Neil French）曾為加拿大航空（Air Canada）寫過一則長文案：

這是一個航空位
不管別人怎麼說
在上面坐了整整 12 個小時後
你都會開始憎惡它
不管他們灌了多少免費烈酒到你喉嚨裡
不管融入多少想像在提前準備好的美味食品裡
不管飛行中有什麼令人放鬆、引人入勝的機上雜誌

和將你像一枚釘子一樣牢牢釘在座位上的電影
總之這是個你必須待上 12 個小時的地方
像釘子一樣
釘在那個座位上
沒有什麼事情像飛行一樣漫長難受
但在加拿大航空的航班上，我們有辦法讓這變得可以容忍
在我們體型巨大的班機上
在頭等艙和商務艙
我們安排為每一位乘客服務的機組人員
比其他任何航班都多

　　透過描繪長途航班給人帶來的種種不適，12 個小時、免費烈酒、機上雜誌、像一枚釘子……種種細節讓消費者進入這則文案構建的場景中，回想起自己曾在這類場景中的痛苦遭遇，再引出加拿大航空「機組人員比其他任何航班都多」的這項產品優勢。

　　在消費升級的背景下，愈來愈多的消費者進化成了「精享族」。精享族的概念由 Google 於 2016 年首次提出，它是指崇尚「精明消費，享受生活」價值觀的人群，這一群人上網時間長，願意為挑選高品質的商品付出較高的時間和金錢成本：他們會為了弄懂洗面乳的功效而去辨別皂基和胺基酸，

會為挑對家具去學習榫卯結構，會為了買一臺掃地機器人把市面上所有品牌的評價全部瀏覽一遍……

現在，年輕人不再隨便從貨架上撿起一件商品，他們也不願意聽到諸如「讓生活更有品質」這類空洞的口號，他們更喜歡實用和人性化的細節設計，喜歡那些能帶來幸福感的產品和行銷。

因此，文案的情懷牌要省著打；我們需要知道，消滅消費者的煩惱才是王道。情懷或許也能打動精享族，卻未必能讓他們鬆開捂住錢包的手。形而上的情懷需要在產品和服務上落實，才能讓精明的消費者感覺到誠意。

> 文案的情懷牌要省著打，消滅消費者的煩惱才是王道。

類似 Wi-Fi 網速太慢點不開網頁，忘記帶鑰匙被鎖在家門外，夜間起床小解開燈被光線刺痛眼球……這類不解決不會死人但會令人抓狂的問題，很容易引起消費者的共鳴，產生「我也遇到過這種情況」的心情。

360 智能家的安全夜燈、智慧型門鎖等產品，就是抓住了類似「雙手拎著重物開門不方便」、「浴室訊號太差，上廁所玩手機網頁點不開」這種瑣碎但惱人的問題，製作了解

決消費者生活「癢點」的智慧家居產品，用「暖男式門把手」、
「雨露均霑式 Wi-Fi 信號」，從消費者的小情緒出發，不僅
說清楚了產品的具體功能，也從情感的角度充分寵溺了容易
為小事焦慮的當代消費者。

7. 產品價格：偷換消費者心理帳戶，輕鬆撬開錢包

產品沒有價格優勢，或者比同類產品貴，怎麼辦？如何
說服消費者這筆錢花得值？這也是許多產品文案面臨的難
題。

如果你是一家培訓機構的文案工作者，該機構近期推出
了一款價格為 159 元的線上課程，你該如何說服潛在消費者
掏出這筆錢？ 159 元說貴不貴，但也沒有達到可以不眨眼就
付費的臨界值，更何況大多數消費者為知識付費的意識並不
強烈。

這個時候，文案就需要偷換一下消費者的「心理帳戶」
（mental accounting）了。心理帳戶是 2017 年諾貝爾經濟學
獎得主理查 · 塞勒（Richard Thaler）提出的一個理論，是指
消費者會在自己的認知中將不同來源、用途的錢放進一個個
虛擬的帳戶中。

比如，人們會把辛苦賺來的薪水和意外獲得的橫財放入不

同的帳戶內。很少有人會拿自己辛苦賺來的 10 萬元去賭場，但如果是賭馬贏來的 10 萬元，拿去賭博的可能性就高多了。

因此，如果消費者覺得 159 元的課程不便宜，那就換成「五杯星巴克咖啡」的價格，讓消費者從喝咖啡的心理帳戶中取出 159 元用於買課程，心理上就覺得沒那麼貴了。

文案大師奧格威在 20 世紀就會用這個技巧了。他曾經為英國奧斯汀汽車撰寫過這樣一個文案：

我用駕駛奧斯汀汽車省下的錢
送兒子到格羅頓學校*念書

這則文案本質上也是偷換了消費者的心理帳戶，透過將買車的錢與用於子女教育的錢相關聯，讓消費者產生一種「賺到了」的心理，從而引發購買行為。

產品文案本質上做著翻譯的工作，這要求我們運用文案的技巧和力量，將專業、難懂的產品功能翻譯為消費者喜聞樂見的利益點。這不僅需要扎實的文字功底，更需要對產品的透澈瞭解和對消費者心理和行為的洞察。

~~~~~~~~

*格羅頓學校（Groton School）是歷史悠久的頂尖私立寄宿學校。

我　的　心　得　筆　記

Chapter 9

文案的底層架構

邏輯力

在談論文案的技巧、傳播、洗版之前，很容易忽視它的底層架構——邏輯。
有邏輯的文案，更容易說服受眾，實現商業目標。
金字塔圖可以幫助我們更好地梳理文案的邏輯。

邏輯力，是文案工作者的基本素養之一，是文案說服力的根源。

　　然而，大部分文案工作者更習慣以「上心」、「不自嗨」、「神文案」等偏感性的特質作為衡量文案優劣的標準，或是以「洗版」、「爆款」等結果導向的特質作為終極目標，對邏輯這樣的「底層架構」卻較為漠視。但在我們撰寫產品文案、策劃軟文*、追求轉化率的路上，邏輯的作用卻是極其重要的。

　　許多文案新手甚至資深文案工作者，都容易陷入一些基本的邏輯漏洞中，比如洋洋灑灑寫了一堆理由，卻忘記花點筆墨總結幾條結論，給不出足夠有力、高度關聯的支撐。這樣的文案，即便戳中了消費者的痛點，即便上了心，也不能成為消費者購買你的產品或服務的理由。

　　那麼，在文案的寫作中，有哪些技巧可以幫我們在大腦中鑄就咬合緊密的邏輯鏈條，幫助我們寫出更有說服力的文案呢？下面四個方法或許可以幫助你。

～～～～～

*軟文（soft text/soft sell advertising），即「軟銷售」。相較於硬銷售，軟銷售能發揮不讓消費者產生被強制接受廣告的感受，讓他們更願意選擇你的產品。

1. 理清邏輯的三個要點

並不是在所有的溝通中都必須用到邏輯，比如當我們和朋友閒聊、傾訴情感，或者單純地交換訊息時，邏輯就沒那麼重要了。但是，一旦你需要得出「結論」，你就必須保證語言具有邏輯性，而有邏輯性的語言有三個要點：有結論、有理由，結論和理由有聯結。

文案的本質，是與受眾的溝通，無論你傳遞了什麼訊息，都必須讓受眾知道你的結論是什麼，並且給出支撐你結論的強而有力的理由。

> 無論傳遞了什麼訊息，都必須讓受眾知道結論是什麼，並且給出支撐結論的強而有力的理由。

舉個例子，在很多人看來，許舜英的文案有著濃濃的意識流風格。然而意識流只是她遣詞造句方面的強烈個人風格，仔細分析她的文案，就會發現，她的邏輯一點也不意識流，甚至可以稱得上邏輯性很強。比如下面這段為 Stella Luna 女鞋撰寫的宣傳文案：

設計師的創作不過是一幅美麗的遐想

如果缺少三維空間*的詮釋能力

鞋跟高度只是虛榮的數字

瞭解人體工學和太空力學才能成功製造一種性感

沒有經過細膩的幾何邏輯推演

再迷人的線條也無法結構出流動的魅力

只有不斷實驗材質與配色的新的可能性

才能說出更進化的美學語言

真正讓女人沉溺的，絕不只是鞋子的外表

還有一種穿上了就不想脫下的欲望

是熱情、是知識、是細節、是極致工藝精神

讓一雙鞋子擁有了時尚的靈魂

　　這段文案的標題是「工藝是時尚的靈魂」，它也是這段文案想要傳遞的核心觀點：時尚不僅是外表，更是隱藏在外表下的工藝；Stella Luna 的鞋子工藝極佳，這是這段文案為受眾歸納的「結論」，而其中的每一句文案，都是支撐這個

＊三維空間，即三度空間。

結論的理由；同時，每一句文案的前半段和後半段之間都有著高度邏輯聯結。

比如「三維空間的詮釋能力」是設計師的創作不淪為遐想的必要條件；同樣地，「人體工學和太空力學」、「幾何邏輯推演」，則是鞋跟高度夠性感和線條有魅力的必要條件。

許舜英沒有堆砌描繪材質的形容詞，而是透過縝密的邏輯，將三維空間、人體工學、太空力學、幾何邏輯等理工科範疇的術語，組合為高跟鞋的性感背後的理由，從而突顯出工藝對時尚的意義。

有了結論和理由，關鍵是要將它們聯結起來。聯結結論和理由有兩種方法：歸納法和演繹法。

★歸納法（並列型）

歸納法是並列幾個不同的事實，從這些事實中找出共通點，從而得出結論的方法。比如透過「丹尼爾身高180公分」、「有八塊腹肌和人魚線」、「五官立體如同大理石雕像」，得出結論「丹尼爾是一個英俊的男人」；這就是歸納法，前面的三個理由是並列的關係。

★演繹法（串聯型）

演繹法是將某個事實和與其相對應的某個規律（決定、

一般常識、法規等）進行組合，從而得出結論的方法。比如「演員會演戲」，「吳彥祖是演員」，結論是「吳彥祖會演戲」。

在具體的寫作中，由於演繹法一般而言會更加繁瑣，所以在關鍵層次上應盡量避免使用，而應更多地使用歸納法。即使要使用演繹法，推理步驟也應該控制在四個之內，而結論不要超過兩個，不然就會過於複雜，讓理解的難度大大增加。

> 演繹法通常更加繁瑣，所以在關鍵層次上應盡量避免使用，而應更多地使用歸納法。

理解了邏輯的三個要點和聯結方法之後，還特別需要注意避免出現理由不當的三種情況，這是導致文案沒有說服力的重要原因。

第一種情況是，用個人主觀的看法或感覺作為理由。比如「我很期待這款新手機，它這次一定能實現銷量翻倍」，這就是一句非常沒有說服力的文案，因為它是以缺乏依據的個人看法和感覺作為理由的，這在邏輯上是不成立的。

第二種情況是，將表達過的意思換個說法作為理由，其

實表達的是重複的意思。比如「因為你還沒有擁有這款手機，所以你應該購買這款手機」，這種情況聽上去很滑稽，但是注意觀察你就會發現，這種文案或對話在日常生活中是比較常見的。

第三種情況是，因果關係含混不清，或者邏輯關係過於跳躍。比如「這款手機擁有 XG 超大記憶體，是送給女友的絕佳禮物」這句文案，就因為因果關係不清晰而讓人困惑；如果再寫清楚一些，「這款手機擁有 XG 超大記憶體，可以裝下 X 張照片，是送給熱愛自拍的女友的絕佳禮物」，將邏輯鏈條補足，就會更有說服力。

2. 用金字塔圖梳理邏輯

金字塔圖是麥肯錫公司常用的一種寫作工具。它的理論依據是人的大腦會自動將發現的所有事物以某種秩序組織起來。比如古希臘人在仰望星空的時候，看到的是由星辰組成的各種圖案，例如大熊座、獵戶座，而非一堆散亂的星辰。

金字塔圖可以幫助我們梳理層次、突出重點，讓文案變得更加清晰易懂。那麼，應該如何正確地使用金字塔圖呢？

把最想傳遞的資訊作為結論

許多人在匯報工作時，在展示了 PPT 後，都會被上司反問：「所以你的結論是什麼？」許多人並不缺乏收集、整理資訊的能力，卻欠缺提煉、歸納的能力。但是聽眾、用戶需要的恰恰是聽到一個較為簡單明晰的結論。

金字塔形的文案會將重要的觀點／結論放在頂端，思路逐步往下展開，以便於理解，防止受眾在接收資訊的過程中產生焦躁感，從而放棄聽到最重要的結論。

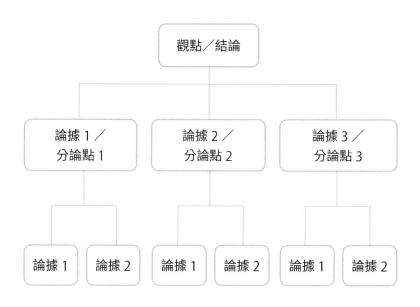

至少找到三個理由作為支撐

你至少應該找到三個支撐結論的理由，由它們來構成金字塔的基座。通常情況下，如果只有一到二個理由，說服力會大打折扣；但理由的數量一旦超過了七個，受眾就很難記住。

比如，你現在要用金字塔圖推廣一款手機，首先你要歸納出你最想向受眾傳遞的訊息，也就是你的結論，最好是一句話。

以發布小米 6 手機為例，用金字塔圖思維來對它的宣傳邏輯進行分析，它的口號是「性能怪獸」，主要用三個理由來支撐這個結論，分別是處理器、螢幕、攝影鏡頭，而對於這三個理由中的每一個，又用了一層二級理由來進行說明，形成一個邏輯清晰的金字塔圖，如右頁圖片所示。

讓資訊在受眾腦中打包、裝箱

並不是理由愈多，說服力就愈強，有時候理由太多反而會導致受眾聽起來很吃力。當你準備了足夠多、足夠充分的理由之後，你還需要將它們歸納成組，讓受眾在接受的過程中更加明白。你要盡可能地整合相似的資訊，分成三組左右之後再進行講述。

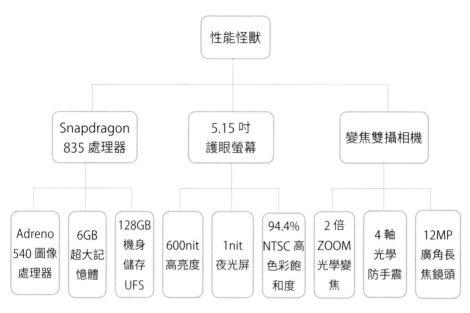

用金字塔圖梳理小米 6 手機的宣傳邏輯

這樣的過程就好像你在將理由進行打包、裝箱,把你的資訊分門別類地裝進去,讓受眾可以一目瞭然地識別、接受。

3. 數據更讓人信服

什麼樣的理由最具有說服力?用數據作為理由是最容易讓人信服的。比如「銷量全國領先」,就不如「每賣出 10 罐

涼茶，就有 7 罐是加多寶」具有說服力；「超大容量」，就不如「將 1000 首歌放進你的口袋」更能打動消費者。

比如許舜英為 Stella Luna 女鞋撰寫的另外兩組文案：

多國醫療研究指出：雄性動物看見穿著 Stella Luna 的女人平均心跳高達每分鐘 130 次

科學家發現，一雙 Stella Luna 所吸引的眼球數量可繞地球 20 圈

影音網站 YouTube 描述其影片播放的時長，也用了同樣的方法：

用戶每天在平台上觀看影片的時長達 10 億小時
如果連續觀看 10 億小時的影片，大約需要 10 萬年時間
用光速旅行的話，可以從銀河系的一端飛至另一端

當然，並不是只要文案中使用了數據，就能更有說服力。在不同的情況下，數據的使用要配合不同的技巧。

例如，某個產品去年的銷售額是 30 萬元，今年是 90 萬元，如果我們寫「一年內銷售額增加 60 萬元」，顯然並沒有太大吸引力；但是換種表達方式，「一年內，銷量增加200%」，給受眾的感受就會完全不同。

　　邏輯對文案的重要性不言而喻，然而那些洗版的文案卻不一定都是有邏輯的文案，很多時候，情況恰恰相反。對情緒的煽動、對人性弱點的利用，是那一類文案受到追捧的原因。然而，對於那些主要訴求是達成轉化而非品牌宣傳的文案而言，邏輯清晰不僅是一種基本要求，更是一種必備利器。

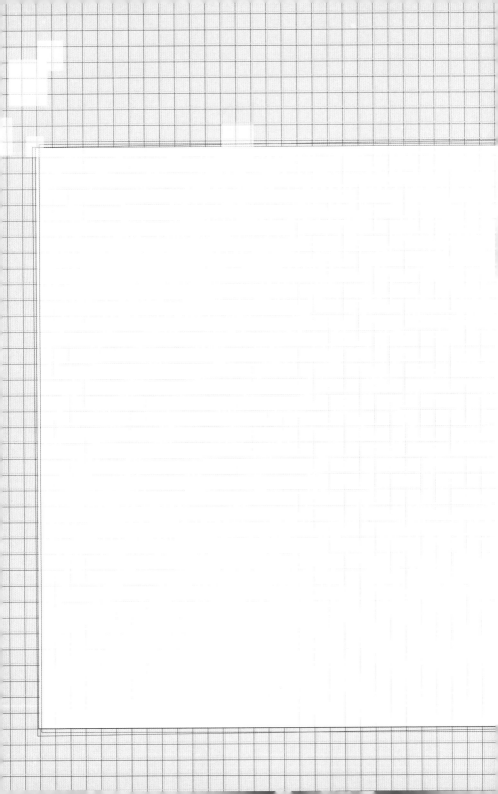

我 的 心 得 筆 記

Chapter 10

改稿這件小事

改稿這件事，就像一柄懸在文案工作者頭頂的「達摩克利斯之劍」。
大部分時候，一句「再改改」，就能輕易戳破我們膨脹的信心。

改稿這件事，就像一柄懸在文案工作者頭頂的「達摩克利斯之劍」＊。我們費盡心力砌出文字的城堡，將它雕琢至自認為的完美，然後自信滿滿地遞交作品等待驗收。很不幸，大部分時候，客戶的一句「再改改」，就能輕易戳破我們膨脹的信心。

　　改稿消耗我們的精力和信心，消耗我們對工作的熱情。可以說，對文案工作者而言，「一稿過」（第一次交稿就通過）三個字的動聽程度堪比「我愛你」。

　　想要文案一稿過，就得讓審稿的人開心，而人只有在結果滿足了期待甚至超過了期待時才會開心。本章試圖從文字寫作技巧和讀者心理的角度，幫助大家提高寫出一稿過文案的機率。

1. A/B 測試：用產品思維寫文案

　　A/B Test（AB 測試）是產品研發、廣告投放等領域的一個常用策略。當產品有一個新功能要上線時，會製作 A 和 B

＊ The Sword of Damocles，比喻掌權者看似擁有至高無上的權力，實際上卻無時無刻如坐針氈，用來表示時刻存在的危險。

兩個版本（也可以更多），讓用戶進行使用並收集他們的反饋，判斷哪一個版本更受用戶歡迎，更受歡迎的版本才能正式上線。

在廣告投放領域也一樣，廣告主先小範圍地投放至少 A、B 兩個不同版本的內容（可能在圖片顏色、標題上有差異），隨後測試哪個版本的點擊率、轉化率更高，再對這個更受歡迎的版本進行更大範圍的投放。

簡單來說，A/B 測試是一種降低風險、提升用戶體驗的有效方法。如果在文案的寫作中，也擁有 A/B 測試的思維，那麼一稿過的機率也會大大提升。為同一個新產品寫幾句不同方向的宣傳語、為一篇軟文撰寫幾個不同方向的提綱、為同一篇文章寫幾個標題；它們可能會花掉我們更多的寫作時間，卻可以節省下來更多的溝通和改稿時間。

比如，你要為一款健身 App 撰寫一句文案，目標是激發用戶健身的欲望，你會怎麼寫？想要過稿容易，就得讓自己困難一些，我們不妨從多個角度進行撰寫，用 A/B 測試的方式提升過稿率。

A 文案

肥胖是你最不合身的一件衣裳，快來健身房脫掉它。

（角度：用戶對肥胖的厭惡）

B 文案

面對鏡子嘆氣，不如在跑步機上喘氣。

（角度：用戶的生活小場景）

C 文案

去健身房 2 個月，收到男神 200 條私訊。

（角度：用故事描繪美好未來）

　　把這樣 A、B、C 三則文案同時擺到客戶面前，就算沒有 100% 滿意的，至少能讓對方選擇一個較為接近理想目標的方向。文案工作者必須清楚，在實際的工作中，與客戶的交流中其實存在一個試錯的過程；與其抱怨，不如學會聰明地投石問路，給客戶做個 A/B 測試，避免在反覆的打槍、溝通、改稿、抱怨中浪費光陰。

2. 尋找背書：讓洞察搭便車

洞察的重要性已經無須贅言，它不是文案工作者應該追求的，而是必須擁有的。但在日常工作中，我們卻常常陷入一種僵局：洞察就像玄學一樣，似乎每個人都能提出自己的洞察，並且能自圓其說；然而大部分情況下，我們自認為的洞察，並不能服眾，也不能打動客戶和消費者。

這個時候，文案工作者就需要尋找背書。背書的本質是構建信任，利用一些有趣的故事、典故、歷史或成功案例，告訴客戶，這樣做是行之有效而且在一定程度上得到過驗證的，以加強他們對文案的信心。這樣一來，就好像讓自己的洞察和創意搭上了便車，能夠更順利地馳往客戶的理想目的地。

比方說，要你為一款主打功能是「記筆記」的 App 起一個名字，你會怎麼起？

筆記軟體 Evernote 的中文名叫「印象筆記」，它的標誌是一隻大象的頭部。可以想像，如果你拿著印象筆記這個名字去給客戶進行提案時，他們一定皺著眉頭問，這個名字到底好在哪裡？

然後你告訴他們，在美國有一個說法：An elephant never forgets.（大象永遠不會忘記事情）。大象是一種記憶力驚人

的動物，而這款叫印象筆記的筆記軟體會幫助用戶記錄工作、生活，成為他們記憶力的延伸。

試想一下，當你面對客戶「這個名字到底好在哪裡」這句詢問時，說不出接下來的那一席話，只能說出類似「這個名字容易被用戶記住」這類空洞的、毫無依據的理由，那麼打動客戶的機率就會非常低。

我 的 心 得 筆 記

別耍廉價的花招　別偷懶

一流的寫作者對待文字的態度，是偏執、強硬的，
像研究數學一樣追求精密，在不斷的自我推翻中練就上乘的手藝與直覺。

一流的寫作者怎樣對待自己的文字？

海明威（Ernest Hemingway）把《戰地春夢》（*A Farewell to Arms*）的結尾改了 39 次，只為了找到準確的詞。

村上春樹通常花六個月寫完小說的第一稿，再花七八個月進行修改。

瑞蒙・卡佛（Raymond Carver）的小說初稿如果有 40 頁，當他修改完後通常只剩下 20 頁。

福婁拜（Gustave Flaubert）告訴莫泊桑：對你想表達的意思，只有一個詞是最貼切的，不可能有第二個，一定要找到它。

這是一流的寫作者對待文字的態度，偏執、強硬，像研究數學一樣追求精密，在不斷的自我推翻中，練就上乘的手藝與直覺。

清醒的寫作者們都明白，靈感的閃現聽上去又酷又浪漫，但將它恰如其分地表達出來則需要浩大、繁瑣的工程。對文案工作者而言，扎實的文字功力和靈感、洞察同樣重要。

文案寫作就像一場長跑，大多數時候，它讓你疲憊、氣喘吁吁、情緒不穩定；在這個過程中，你最需要戰勝的人，就是你自己。

不依賴於靈感、狀態，在任何狀態下都能寫出像樣的文字，是文案工作者需要培養的職業素養。

> 不依賴於靈感、狀態，在任何狀態下都能寫出像樣的文字，是文案工作者需要培養的職業素養。

羅伯特‧麥基在《故事的解剖》裡寫道：「只有天才而沒有手藝，就像只有燃料而沒有引擎。它能像野火一樣爆裂燃燒，但結果卻是徒勞無功。」而情緒穩定、精力充沛和精湛的手藝同樣重要，對文案工作者更是如此。

唯有如此，你才能在充滿壓力甚至機械化的工作中，不斷產出優質的文案，贏得這場文案寫作長跑的勝利。

在文案寫作的長跑之路上，布滿了沼澤和雷區，希望《好文案，都有強烈的畫面感》這本書能成為你隨身攜帶的一本生存指南，幫助你穿越路上的坎坷，離目標愈來愈近。

我 的 心 得 筆 記

我 的 心 得 筆 記

我 的 心 得 筆 記

實用知識 74

好文案，都有強烈的畫面感
9 大爆款文案創作技巧，重塑你的寫作思維

作　　者：蘇芯
責任編輯：林佳慧
校　　對：林佳慧
封面設計：許晉維
版面設計：翁羽汝
內頁排版：廖健豪
寶鼎行銷顧問：劉邦寧

發 行 人：洪祺祥
副總經理：洪偉傑
副總編輯：林佳慧
法律顧問：建大法律事務所
財務顧問：高威會計師事務所
出　　版：日月文化出版股份有限公司
製　　作：寶鼎出版
地　　址：台北市信義路三段 151 號 8 樓
電　　話：（02）2708-5509　傳真：（02）2708-6157
客服信箱：service@heliopolis.com.tw
網　　址：www.heliopolis.com.tw
郵撥帳號：19716071 日月文化出版股份有限公司

總 經 銷：聯合發行股份有限公司
電　　話：（02）2917-8022　傳真：（02）2915-7212
印　　刷：中原造像股份有限公司
初　　版：2021 年 3 月
定　　價：360 元
I S B N：978-986-248-940-6
文化部部版臺陸字第109097號

國家圖書館出版品預行編目資料

好文案，都有強烈的畫面感：9 大爆款文案創作技巧，
重塑你的寫作思維 / 蘇芯著 .-- 初版 .–
臺北市：日月文化出版股份有限公司，2021.03
288 面；14.7 × 21 公分 .--（實用知識；74）
ISBN 978-986-248-940-6（平裝）

1. 廣告文案　2. 廣告寫作

497.5　　　　　　　　　　　　　　　　109021807

客服專線 02-2708-5509
客服傳真 02-2708-6157
客服信箱 service@heliopolis.com.tw

廣告回函
台灣北區郵政管理局登記證
北台字第 000370 號
免貼郵票

日月文化集團 讀者服務部 收

10658 台北市信義路三段151號8樓

對折黏貼後，即可直接郵寄

日月文化網址：**www.heliopolis.com.tw**

最新消息、活動，請參考 FB 粉絲團

大量訂購，另有折扣優惠，請洽客服中心（詳見本頁上方所示連絡方式）。

大好書屋

寶鼎出版

山岳文化

EZ TALK

EZ Japan

EZ Korea

大好書屋・寶鼎出版・山岳文化・洪圖出版　EZ 叢書館　EZ Korea　EZ TALK　EZ Japan

日月文化集團
HELIOPOLIS
CULTURE GROUP

感謝您購買 **好文案，都有強烈的畫面感** 9大爆款文案創作技巧，重塑你的寫作思維

為提供完整服務與快速資訊，請詳細填寫以下資料，傳真至02-2708-6157或免貼郵票寄回，我們將不定期提供您最新資訊及最新優惠。

1. 姓名：＿＿＿＿＿＿＿＿＿＿＿＿　　性別：□男　　□女

2. 生日：＿＿＿＿年＿＿＿＿月＿＿＿＿日　　職業：＿＿＿＿＿＿

3. 電話：（請務必填寫一種聯絡方式）

　（日）＿＿＿＿＿＿＿＿（夜）＿＿＿＿＿＿＿＿（手機）＿＿＿＿＿＿＿＿

4. 地址：□□□＿＿＿＿＿＿＿＿＿＿＿＿＿＿＿＿＿＿＿＿＿＿＿＿＿

5. 電子信箱：＿＿＿＿＿＿＿＿＿＿＿＿＿＿＿＿＿＿＿＿＿＿＿＿＿

6. 您從何處購買此書？□＿＿＿＿＿＿縣/市＿＿＿＿＿＿書店/量販超商
　□＿＿＿＿＿＿網路書店　　□書展　　□郵購　　□其他

7. 您何時購買此書？　　年　　月　　日

8. 您購買此書的原因：（可複選）
　□對書的主題有興趣　　□作者　　□出版社　　□工作所需　　□生活所需
　□資訊豐富　　□價格合理（若不合理，您覺得合理價格應為＿＿＿＿＿＿）
　□封面/版面編排　　□其他＿＿＿＿＿＿＿＿＿＿＿＿＿＿＿＿

9. 您從何處得知這本書的消息：　□書店　□網路／電子報　□量販超商　□報紙
　□雜誌　□廣播　□電視　□他人推薦　□其他

10. 您對本書的評價：（1.非常滿意 2.滿意 3.普通 4.不滿意 5.非常不滿意）
　書名＿＿＿內容＿＿＿封面設計＿＿＿版面編排＿＿＿文/譯筆＿＿＿

11. 您通常以何種方式購書？□書店　　□網路　　□傳真訂購　　□郵政劃撥　　□其他

12. 您最喜歡在何處買書？
　□＿＿＿＿＿＿縣/市＿＿＿＿＿＿書店/量販超商　　□網路書店

13. 您希望我們未來出版何種主題的書？＿＿＿＿＿＿＿＿＿＿＿＿＿＿＿

14. 您認為本書還須改進的地方？提供我們的建議？

＿＿＿＿＿＿＿＿＿＿＿＿＿＿＿＿＿＿＿＿＿＿＿＿＿＿＿＿＿＿＿＿

＿＿＿＿＿＿＿＿＿＿＿＿＿＿＿＿＿＿＿＿＿＿＿＿＿＿＿＿＿＿＿＿

＿＿＿＿＿＿＿＿＿＿＿＿＿＿＿＿＿＿＿＿＿＿＿＿＿＿＿＿＿＿＿＿

預約實用知識，延伸出版價值

預約實用知識，延伸出版價值